개 안내서

개 안내서

초판 1쇄 인쇄 2023년 10월 12일
초판 1쇄 발행 2023년 10월 30일

지은이 스테판 게이츠 | 옮긴이 오지현
펴낸이 홍석
이사 홍성우
인문편집부장 박월
책임편집 박주혜
편집 조준태
디자인 디자인잔
마케팅 이송희 · 김민경
관리 최우리 · 김정선 · 정원경 · 홍보람 · 조영행 · 김지혜

펴낸곳 도서출판 풀빛
등록 1979년 3월 6일 제2021-000055호
주소 07547 서울특별시 강서구 양천로 583 우림블루나인비즈니스센터 A동 21층 2110호
전화 02-363-5995(영업), 02-364-0844(편집)
팩스 070-4275-0445
홈페이지 www.pulbit.co.kr
전자우편 inmun@pulbit.co.kr

ISBN 979-11-6172-889-6 04490
      979-11-6172-887-2(세트)

※ 책값은 뒤표지에 표시되어 있습니다.
※ 파본이나 잘못된 책은 구입하신 곳에서 바꿔드립니다.

개 안내서

우리가 개에 대해 궁금했던
온갖 과학적 사실들

스테판 게이츠 지음
오지현 옮김

풀빛

3장   조금은 고약한 개의 몸

4장   개의 행동에 관한 아주 이상한 과학

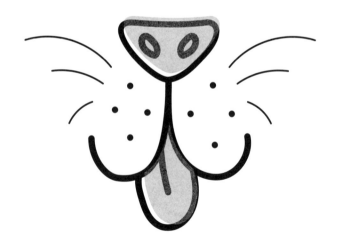

들어가며

아주 비과학적인
소개말

모두들 반갑다! 《개 안내서》는 우리 마음을 쥐락펴락하는 눈치 빠른 5억~10억 마리의* 믹스견, 순종견, 똥개, 나아가 각종 복슬복슬하고 신비한 존재들을 칭송하는 책이다. 털을 나풀대며, 헥헥거리고, 코가 촉촉하며, 얼굴을 핥거나 툭하면 신발을 씹어 대기 일쑤지만, 주인을 잘 구슬릴 줄 아는 네 발의 멋진 녀석들 말이다. 이 책은 여러분 집에 있는 동물학 연구 대상인 개에 대한 기이하고 대단히 흥미진진하며 이따금 배꼽 빠지게 웃기는 과학적 사실들도 함께 다룬다. 이 연구 대상은 (유전적으로) 99.96% 늑대와 비슷한데도 노는 것, 배 만

---

* 얼마나 많은 개가 있을까? 간단한 질문이지만 대답하기에는 무척 어렵다. 전 세계 집개 수에 대한 통계는 다양하며 완전히 다른 방법론이 적용된다. 적절한 추정 수치는 5억~10억 마리이다.

져 주는 것, 그리고 우리가 사랑이라 부르는 호르몬 세례를 느끼는 것을 좋아한다.

어린 시절 나는 줄곧 꼬리를 살랑거리는 사랑스럽고 꾀죄죄한 강아지가 갖고 싶어서 애원하고, 애원하고, 간절히 애원했다. 마침내 부모님은 내게 모래쥐(애완용 쥐의 일종-옮긴이)를 사 주셨다. 여러분이 모래쥐를 키워 본 적이 없다면, 기본적으로 짝퉁 햄스터를 떠올리면 된다. 모래쥐는 햄스터보다는 덜 껴안고 싶게끔, 훨씬 더 쥐처럼 생겼는데 부모님은 이점이 바로 모래쥐의 매력이라고 나를 설득했다. 아닌 게 아니라, 언감생심 우리 가족이 개를 감당할 수 있으리라고는 상상해 본 적도 없었기 때문에 나도 내 모래쥐 제럴드가 꽤 마음에 들었다. 다만 개를 키웠다면 어땠을지 끊임없이 상상의 나래를 펼쳤다. 복슬복슬한 동물은 인기 스타보다는 동반자에 가까울 것이었다. 무료함에 허덕이는 시골 소년이었던 내게, 개라는 동물은 조건 없는 사랑을 주었을 것이다. 뿐만 아니라 나의 단짝이 되었을 것이다. 만약 개를 키웠다면 실상은 어땠을지 불 보듯 뻔했다. 아마 우리 가족은 다친 떠돌이 개들을 구하고, 땅속에 묻혀 있는 귀중품을 파내고, 사건 사고를 해결하고, 집안 어르신들도 챙기고, 급한 불을 끄는 데 온종일 시간을 보냈을 것이다. 해 길 녘에 함께 협곡을 내려다보며 몸은 지치지만 행복감에 젖어 일과를 마무리했을 것이다. 그러나 모래쥐와는 절대 이런 경험을 하지 못한다.

보통 개에 관한 책을 쓰는 작가라면 제 반려견이 얼마나 끝내 주는지에 대해 지겹게 늘어놓겠지만, 이 책에 꽉 들어찬 방대한 분량의 입증 가능한 사실들만으로도 이미 편집자에게 페이지에 대한 압박을 주고 있는 터라 내 반려견 소개는 짤막하게 하도록 하겠다. 꾀죄죄한 매력 덩어리 믹스견 블루는 보더콜리와 푸들의 교배 종이며 나는 이 녀석을 끔찍이 좋아한다. 희한하게도 블루는 음식에 심드렁한 편인데, 그 대신 공이라면 사족을 못 쓴다. 나와 녀석은 언제나 탐험하고, 무작정 거닐고, 또 뛰어놀기에, 갖고 있는 모험담이 무궁무진하다. 게다가 이 녀석은 참을 수 없이 부둥켜안고 싶을 만큼 포근하고 아름다우며, 애정 어린 커다란 두 눈으로 내가 원하는 대로 조건 없이 나를 사랑해 준다.

하지만 뭐니 뭐니 해도 블루의 가장 훌륭한 점은 녀석이 나를 더 나은 사람으로 만들어 준다는 것이다. 과학적 방법으로 수치화하여 확인한 것은 아니나, 나는 정말로 예전보다 더 다정하고 사려 깊은 사람이 되었으며 내 가족, 친구들, 그리고 내 세계에 속한 사람들에게 더욱더 관심을 기울이게 되었다. 가끔 우리는 커다란 포유동물과 함께 생활하는 것이 얼마나 소중한 특권인지 잊어버린다. 어느새 나는 이 사랑스러운 포유동물을 3마리 더 집으로 데려왔는데 굳이 구체적으로 말해 보자면, 그중 1마리는 키운 지 16년, 다른 1마리는 18년이 되었고, 세 번째 동물은 나를 좋아하지 않는다. 물론 어디까지나 블루는 나와는 다른 종이며, 이렇게 다른 종들이 붙어서 사는 것은 매우 드문 일이다(나는 고양이도 키우는데, 고양이는 내가 쓴 다른 책《고양이 안내서》에서 다룬다). 개는 진화론적 측면에서 온기, 사랑, 그리고 규칙적인 먹이를 얻기 위해 최근에야 인간의 영역으로 들어왔다. 개들은 눈이 마주치는 즉시 여러분의 얼굴을 뜯어 먹어 버릴, 사나운 야생 포식 동물들과 그다지 멀리 벗어나지 않은 상태이다(사실 늑대와의 관계를 설명하자면 이보다 훨씬 더 복잡하지만, 여러분은 내 말의 뜻을 알 것이다).

인간과 판이한 다른 종과 함께 삶을 영위하는 것은 인간다움이 무엇인지 깨닫는 데 도움이 된다. 우리가 개와 관계를 맺을 때는 의사소통, 기대, 인내, 목소리, 감정, 그리고 옳고 그름의 판단이라는 모든 측면에서 근본적으로 최선을 다한다. 반려견을 통해 우리는 추상적인 사고라는 인간만의 특출한 능력, 상대를 길들이고자 하는 열망, 길들이는 대상에 대한 연민과 공감 능력, 그리고 막강한 권력과 그에 따른 책임을 새삼 되새긴다. 세계를 변화시키고, 기후 변화를 유발하며, 지구를 함께 나눠 쓰고 있는 다른 종들에게 악영향을 끼치는 인간의 능력에 대해 다시 생각해 보는 것이다. 이는 곧 반려견이 지구에서 우리가 그 영향력을 줄일 필요가 있음을 일깨워주는 셈이다.

이 책을 읽어 주어서 정말 고마운 마음이다. 나는 과학커뮤니케이터라 불리는 사람들로 결성된 엉뚱하고도 사랑스러운 패거리의 일원이며, 우리는 여러분에게 놀라운 사실들을 들려줄 때뿐만 아니라 배우는 과정에서 짜릿함을 선사해 줄 때 엄청난 기쁨을 얻는 사람들이다. 여러분은 과학 축제, 코미디클럽, 학교, TV 프로그램, 선술집, 그리고 파티 중에도 부엌에서 틀림없이 우리를 마주칠 것이다. 이 책에 담긴 모든 지식 가운데 여러분이 마음속에 담아가면 좋을 한 가지가 있다면, 그것은 바로 과학은 매혹적이고도 충격적이며, 모르던 것을 알려주고, 툭하면 아주 아주 웃기다는 점이다. 만약 길에서 우리 중 한 명을 알아본다면, 제발 다가와 아는 체해 주길 바란다. 다만 마음을 단단히 먹어야 한다. 우리는 워낙 여러 사실들을 수집하는 데에 열을 올리는 사람들이라 여러분에게 들려줄 말이 아주 많기 때문이다.

◎

알다시피 갯과에는 여우, 딩고, 그리고 아프리카들개를 포함한 다른 아종들이 많이 속해 있다. 요약하자면 '개'라는 용어가 쓰일 때 별다른 언급이 없다면, 나는 언제나 집 개(Canis familiaris)에 대해 이야기하고 있는 것이다.

* 경고

이 책의 어떤 내용도 수의학적 조언이나 행동과학적 견해 혹은 훈련 팁을 표방하지 않는 것을 원칙으로 한다. 반려견에 대해 우려되는 사항이 있다면 정식 수의사나 동물 행동 전문가에게 상담하길 바란다.

동물을 다정하게 대해 주세요. 동물이 세계를 경험하고 지각하는 방식은 인간의 방식과 매우 다르다는 점을 기억해 주세요. 그리고 반려견의 배설물은 꼭 치워 주세요. 길을 걷다가 따끈하고 축축한 한 무더기의 오물을 밟는 것은 사람들이 반려견들을 진저리치게 만들기 딱 좋은 상황이니까요.

개를 사랑하는 멋진 나의 엄마,
진 게이츠(1945~2020).
우린 엄마가 보고 싶어요.

1장

개는 어떤 동물일까?

간추린 개의 역사

개의 진화와 가축화와 관련된 수많은 기정사실과 시기 그리고 장소를 두고 논쟁이 뜨겁다. 진화론적 관점에서 개는 출현한 지 2만~4만 년 정도로 비교적 어린 편이고, 30만 년 전(아프리카 대륙에서 인류가 출현했던 때와 같은 시기 즈음) 북아메리카 대륙에 처음 출현한 늑대의 후손임을 우리는 익히 잘 알고 있다. 현생에서 개와 가장 가까운 친척은 회색늑대이지만, 이는 자매군(하나의 조상에서 두 갈래로 진화된 두 그룹-역자) 중 한쪽 그룹에 해당되며 개의 직계 조상은 아직 밝혀지지 않았는데 아마 멸종된 듯하다. 견종들 대부분은 고작 150~200년 전에 개발된 것이다.

5,500만 년 전
육식성 포유동물 출현

기원전 30만 년
북아메리카 대륙에
늑대가 출현했다.

아프리카 대륙에 호모
사피엔스가 출현했다.

6,500만 년 전
공룡은 1억 6,500만 년
동안 번성하다가
백악기 후기 무렵
멸종했다.

5,000만 년 전
육식동물이 늑대를 닮은
개아목과 고양이를 닮은
고양이아목으로 분화했다.

300만~100만 년 전
유라시아 대륙에서
갯속 동물 중 늑대를 닮은
종들이 진화했다.

화석이 된 똥
기원전 7000년

기원전 4만~2만 년
늑대로부터 현대의
개가 분화하기
시작한다.

기원전 1만 5000년
이제 늑대로부터 개가
완전히 분리되었다.

기원전 1만 4223년
애완견 소유에 관한
가장 오래된 흔적이
남았다.

기원전 2만 3000년
시베리아에서 개가
가축화되었을 가능성이
있는 시기

기원전 1만 2000~1만 년
개의 몸 크기가 38~46% 정도
줄어든다(아마도 가축화 때문인
듯하다).

기원전 7000년
중국의 한 농촌에서
가장 오래된 개똥이
발견된 시기

기원전 1만 1000년
인간과 개의 동거에
관한 명백한 흔적이
남았다.

기원전 800년
호머의 《오디세이》에서는
오디세우스가 20년 후에
돌아오자 그가 기르던 개,
아르고스만이 그를
알아본다.

1873년
영국에서 설립된 켄넬
클럽이 혈통의 기준을
정한다.

기원전 3300~600년
청동기 시대 그림과
동굴 벽화에서 개를
묘사하고 있다.

1434년
반 에이크의 일명
〈아르놀피니의 초상〉에는
정조를 상징하는, 푹
빠져들게 하는 눈을 가진,
조그마한 개가 등장한다.
묘하다.

기원전 9500년
북극에서 개를 이용한 것에 대한
가장 오래된 증거로, 이는 개가
최소한 1,500㎞가 넘는 거리를
운송하는 데 이용되었음을 보여 준다.

개는 본질적으로
귀여운 늑대일까?

개는 늑대와 유전자의 99.96%를 공유하며, 몇몇 견종은 늑대와 아주 많이 닮았다. 그럼, 우리의 반려견은 귀여운 멍멍이의 탈을 쓴 피에 굶주린 포악한 늑대일까? 만약 녀석을 풀어놓는다면, 산악 지대로 돌아가 무리와 함께 자유롭게 뛰어다니며 밤새도록 달을 향해 하울링을 할까?

확실히 아니다. 인간과 함께 살면서 개의 욕구와 생활 방식은 완전히 바뀌어 왔으며, 이러한 변화에 의해 개의 신체적 그리고 지능적 능력, 그러니까 개가 행동하고, 기능하고, 번식하고 또 사회화되는 방식이 형성되어 왔다. 최초로 가축화된 개들은 인간에 대해 겁이 없고 친근한 태도를 보였을 것이다. 인간이 친근하고 유용한 개만을 계속 두고 길렀기 때문에 이러한 특질은 그 이후로 더욱 강화된 셈이다. 어쨌든 동굴 주변을 어슬렁거리며 어린아이를 잡아먹는 사악한 포식자를 원할 인간은 없다. 그렇지 않은가? 그러니까, 정확히 무엇이 바뀐 것일까?

행동

개는 으레 짖지만 늑대는 거의 짖지 않는다. 늑대는 하울링을 하지만 개는 하울링을 거의 하지 않는다. 개는 성견이 되어서도 놀이를 즐기고 다른 개들보다는 인간들과 더 끈끈한 유대감을 형성한다. 집 개(길들여진 개)는 길들여지는 정도, 적응할 수 있는 능력, 그리고 인간이 의사 전달하는 몸짓을 간파하는 특별한 능력 때문에 선택되었다. 늑대와는 달리, 개는 먹이에 있어서도 개들끼리 의존하기보다는 인간에게 더 의존한다. 연구에 따르면 늑대는 먹이를 구하기 위해 협력하여 문제를 해결하지만 개는 좀처럼 협력하지 않는다. 늑대는 인간을 두려워하고 인간을 향해 공격적이며, 새끼 늑대들은 사회화될 수 있다 하더라도, 실제로 가축화될 수는 없다. 태어날 때부터 인간에게 길러졌다하더라도 늑대는 절대로 사람들과 가까워지거나, 우리의 몸짓 언어를 이해하거나, 개가 그러하듯이 자주 우리를 쳐다보지 않는다.

무리 생활

늑대는 포식자로부터 자신과 자손을 보호해 주는 '팩
(pack)'이라는 복잡한 사회적 무리에 속해 살며 큰 포유류를
사냥하는 데 최적화된 야생동물이다. 회색늑대 무리에는 언
제나 5마리에서 10마리의 개체들이 속해 있다. 함께 새끼를
기르는, 다 큰 알파 수컷과 알파 암컷 한 쌍뿐만 아니라, 그들
의 자손과 일부 친족이 아닌 늑대들이 포함된다. 회색늑대 무
리는 함께 먹잇감을 사냥하고 어린 늑대들을 기르며, 뚜렷한
사회 구조와 행동 규칙을 갖추고 있고, 또한 서로에게 지극히

타이타닉호의 개들

1912년에 침몰한 타이타닉호에서는 3마리의 개가 생존했
다. 페키니즈 견종 1마리와 포메라니안 견종 2마리였다.
3마리 모두 일등석 승객들이 데리고 탄 개들이었다.

충실하다. 알파 늑대들은 무리에서 유일하게 짝짓기를 하는 개체들이며 다른 늑대들이 먹이를 다 먹어 치우기 전에 반드시 새끼 늑대들이 먹게 한다. 그에 반해서, 개는 더 이상 무리 생활을 하는 동물로 보지 않는다. 들개(야생에서 사는 집 개) 집 단들은 사냥하는 포식자가 아니라 청소자이다. 그들은 먹고 살기 위해 협력하지 않고, 자주 다투고, (일반적으로 유전적 다양성에 해가 되는) 친족을 포함한 아무 개체와 짝짓기를 하며, 새끼 강아지를 각자 홀로 기르며, 또한 정해진 가족 집단에 머물지 않는다.

식이

늑대는 무리 전체가 사냥한 초식성 유제류(굽이 있는 동물)를 주로 먹고 사는데, 먹이가 부족할 때는 더 작은 먹잇감, 심지어는 곤충류까지도 잡아먹는다. 늑대는 채소를 거의 섭취하지 않는 것이나 다름없는 진정한 육식 동물이다. 한편, 개는 잡식 동물로서 곡물 같은 식물성을 포함한 먹이를 먹는다. 이는 인간의 음식물 찌꺼기를 먹은 결과인 것으로 추측된다. 이 말인즉슨, 개에게는 야생에서 육류에서만 얻을 수 있는 몇 가지 영양분이 반드시 요구된다는 뜻이다.

자립

늘대는 그들을 도우려는 인간에게 의지할 수 없기 때문에 매우 자립적이다. 그래서 닫힌 문과 같은 문제에 직면하면 스스로 열고자 씨름하며 애쓸 것이다. 그러나 개는 어려운 문제에 봉착하면 항상 대신 문제를 해결해 줄 인간을 찾는다.

번식 주기

암컷 늑대는 언제나 동일한 수컷과 짝짓기를 해서 일 년에 한 번 봄에 출산하여 새끼 늑대들 및 무리 전체의 생존 가능성을 최대한 보장한다. 봄은 먹이가 풍부해질 뿐만 아니라, 갓 태어난 새끼 늑대들의 탄생 시점과 겨울이 시작되는 시점 사이의 시간차를 최대한 확보할 수 있는 시기이다. 이와는 대조적으로, 암캐는 다수의 상대와 짝짓기를 하고 어느 계절이든 상관없이 일 년에 2번의 번식 주기를 갖는다. 왜냐하면 개는 먹이와 은식처를 인간에게 의지하기 때문에 일 년 중 새끼 강아지들의 생존을 보장할 적기랄 것이 따로 없다.

개는 어떻게 길들여졌을까?

정확히 언제, 어디서, 왜 개가 처음으로 가축화되었는지 확실하게 알 수는 없다(사실 개를 길들인 것이 인간인지, 혹은 개가 스스로 길들여진 것인지에 대해서도 확실히 알 수 없다). 개는 1만 년 전쯤 농업 정착이 시작되기 전에 가축화된 유일한 동물이었다. 그리고 매우 분명한 사실은 개와 인간 모두 이 합의로 인해 어느 정도 혜택을 얻었다는 것이다. 개는 먹이, 은신처, 안전한 환경에서의 번식, 그리고 동료애를 보장받았으며, 인간은 사냥, 양치기, 운반, 잠자리 데우기, 위험한 동물을 물리치는 경고 알림 등의 혜택을 받았다. 그리고 먹이의 공급원뿐만 아니라 심지어 털까지 얻게 해 주는 동료와도 같았다.

개의 가축화는 (늑대로부터 개가 분화되었다고 추정되는 가장 이른 시점인) 4만 년 전보다 앞서서 일어나진 않았다. 하지만 1만

전설의 개들

<u>로열 코기</u>

1933년에 요크 공작인 앨버트 왕자(후에 조지 6세 왕)는 두 딸인 엘리자베스와 마거릿 공주를 위해 로자벨 골든 이글이란 이름의 펨브로크 웰시 코기를 사들였고, 이름을 두키라고 다시 지어 주었다. 그리고 1944년, 훗날 엘리자베스 2세 여왕인 엘리자베스 공주는 펨브로크 웰시 코기 견종인 수잔을 열여덟 번째 생일 선물로 받았고, 그 이후로 10대에 걸친 수잔의 후손들을 길렀다. 이 후손들 중 몇몇은 도기라고 불리는 코기와 닥스훈트의 혼혈 견종이었다. 여왕의 코기 견종들 중 몬티라 불리는 개는 2012년 런던 올림픽에서 제임스 본드를 패러디한 개막식에 여왕과 함께 등장했다.

다만 코기 견종들이 언제나 왕실의 개로 사랑받았던 것은 아니었다. 1761년에 (곧 영국의 왕 조지 3세의 샬럿 왕비가 될) 메클렌부르크–슈트렐리츠주의 공주 샬럿은 열일곱의 나이로 독일을 떠나 영국에 도착했다. 그 당시 영어를 전혀 할 줄 모르던 샬럿 공주는 흰 저먼 스피츠 견종 서너 마리를 데리고 왔다. 또 1888년에 빅토리아 여왕은 이탈리아 여행길에 포메라니안 견종 몇 마리를 얻었다. 1793년에 프랑스의 마지막 여왕 마리 앙투아네트는 파피용 견종의 소형 애완견 티스베와 함께 단두대로 향했다고 전해진다.

4,000년 전에 한 쌍의 인간과 함께 묻혔던, 그 유명한 본 오버카셀(Bonn-Oberkassel dog)의 개가 발견되고 나서야(1914년) 고고학적 증거가 존재하게 되었다. 생후 28주인 이 개는 생후 19주쯤 강아지 홍역에 심하게 걸린 상태였는데, 틀림없이 인간들에게 보살핌을 받고 버틸 만큼 버텨 냈을 것이다.

〈미국국립과학원회보〉에 발표된 2021년도 한 문헌 분석 연구 논문에 따르면 개는 2만 3,000년 전에 시베리아에서 가축화되었다고 추정하지만, 이를 뒷받침할 만한 고고학적 증거는 전혀 없다. 몇몇 연구에서는 약 1억 5,000년 전부터 개의 개체수가 10배 증가한 현상은 개가 가축화로 많은 혜택을 누렸던 시기를 표시하는 것일지도 모르며, 어쩌면 가축화가 2만 5,000년보다 이전에 시작되었을 수도 있음을 시사한다. 2016년에 옥스퍼드 대학교에서 실시한 몇몇 설득력 있는 연구들은 심지어 개가 동양에서 한 번, 서양에서 또 한 번, 총 두 번 길들여졌을 수도 있다고 추측했다.

농장 동물들의 가축화와 마찬가지로, 인간과 개 사이의 유대감은 인간이 수렵 채집인에서 정착한 농경인으로 탈바꿈하는 데 도움을 주었을 것으로 생각된다.

사람들은 왜 개를 사랑할까?

개는 우리에게 굉장히 유용하지만 단순히 유용함이 사랑과 같은 의미는 아니다. 예를 들어, 인체공학적으로 고안된 '보쉬 무선 콤비 드릴'이 유용하다고 해서 내가 이 드릴을 사랑하는 걸까? 사실 생각해 보니 사랑하는 것 같다. 그럼 네 가지 다른 크기로 조절 가능한 스패너 세트가 더 적절한 예시일 것 같다. 그래서 내가 이 스패너를 사랑할까? 그렇다, 이것 역시 좋은 예시는 아닌 것 같다. 어쨌든 내 핵심은 이렇다. 유용하다는 것만으로는 충분하지 않다는 것이다. 여러분도 이미 감을 잡았을 것이다.

우리가 개를 사랑하는 이유는 생화학적으로 설명된다. 우리가 개와 상호작용할 때 몸속에서는 옥시토신, 베타 엔도르핀, 프로락틴, 그리고 도파민 같은 호르몬과 베타 페닐에틸아

민이라는 신경 전달 물질이 분비되며, 이 모든 물질들은 애정, 행복감, 그리고 유대감과 연관된다. 또한 우리는 스트레스와 관련 있는 호르몬인 코르티솔 저하도 겪는다. 간단히 말해서, 우리는 개를 기를 때 생화학적 최고 단계의 즐거움을 느낀다. 그리고 이때 일어나는 일련의 유대감, 양육, 애착, 그리고 동료애를 포함한 생화학적 최고 단계는 사랑에 대한 타당한 정의인 셈이다. 그리고 내가 이 모든 것들을 아름답게 돌아가는 최고급 전동식 공구로부터 느낀다는 사실이 그 사랑을 덜 중요하게 만들진 않는다. 아내가 뭐라 하든 말이다.

우리가 개를 처다볼 때 마치 아기의 눈을 응시할 때 얻는 것과 동일한 호르몬의 분비가 활성화된다는 명백한 증거도 있다. 어떤 의미로는 인간을 결속시키는 생화학적 체계를 개가 장악해 버린 셈이다. 이를 다른 동물에게 적용해 보자. 나는 금붕어를 처다보며 호르몬 분비를 경험한 적이 없다. 어쩌면 혼란스러운 시기였던 11살에 나의 모래쥐 제럴드에게서 이것을 느꼈을지도 모르지만 말이다.

양육(누군가를 돌봄)이라는 착실한 행위는 인간에게 긍정적인 영향을 끼친다. 연구에 따르면, 사람들이 다른 누군가를 돌볼 능력이 없거나 돌보는 것이 허락되지 않으면 건강, 즉 삶의 질 저하와 우울증을 겪을 가능성이 크다고 한다. 그러니 개를 돌보는 행위는 우리를 기분 좋게 만들어 주는 셈이다.

세계 최고의 충견, 아키타

1923년에 태어난 재패니즈 아키타 견종인 하치코는 매일 집에서 도쿄의 시부야역까지 주인인 우에노 교수를 따라가서 그가 돌아올 때까지 기다렸다가 함께 집으로 돌아왔다. 그러다가 슬프게도 1925년에 우에노 교수가 일터에서 사망했는데, 하치코는 그 후 10년 동안이나 계속해서 주인을 기다렸고, 그 모습으로 일본의 국민 영웅이 되었다. 하치코가 죽었을 때 일본은 애도의 날을 열었으며 시부야역 앞에는 하치코를 기리는 동상이 세워졌다.

개는 왜 인간을 사랑할까?

간략하게 대답하자면 개들에게는 선택권이 없다. 우리 인간
은 우연히 우리를 사랑하게 된 개를 길렀던 것뿐이다. 그리고
우리는 놀라운 효과를 얻었다. 연구 결과에 따르면, 대부분의
개들은 주인이 녀석들을 사랑하는 것보다 훨씬 더 주인을 사
랑한다고 알려져 있다.

하지만 개는 왜 다른 동물들보다 더 우리를 사랑하는 것
일까? 한 가지 무척 흥미로운 이유는 개의 유전자에서 찾을
수 있다. 프린스턴 대학의 유전학자 브리지트 폰홀트 교수는
개를 초사회적으로 만들고 특히나 늑대보다 훨씬 더 우호적
으로 만드는 가축화에 의해 유발된 유전적 급변(유전적 변형)
의 증거를 발견했다. 내 말에 집중해 주길 바란다. 이 내용은
다소 복잡하기 때문이다. 그것은 (GTF21로 불리는 단백질유전

자 상에서) 파괴된, 즉 기능이 상실된 DNA 부위를 말한다. 이 부위는 다양한 방식으로 기능이 상실될 수 있다. 뿐만 아니라 그 정도도 다양하다. 기능 상실 부위가 크면 클수록 개는 사교성이 발달한다. 기능 상실 부위가 적을수록 개는 더욱더 냉담하고 늑대와 비슷한 성향을 갖고 있다. 이는 윌리엄스증후군으로 알려진 인간의 선천성 장애와 매우 밀접한 관련성을 보인다. 이 장애를 가진 사람은 (무엇보다도) 언제나 타인을 잘 믿고, 사교적이다. 또 쥐에게 나타나는 동일한 유전자상의 변화 역시 쥐가 초사회적이 되도록 유도한다. 반대로, 기능이 상실되지 않은 늑대 DNA는 늑대가 인간에게 더 거리를 두고 경계하도록 만드는 듯하다. 우리는 인간에게 제일 친근함을 보이는 개를 선택함과 동시에, 인간의 윌리엄스증후군에 상응하는 어떤 갯과 증후군을 지닌 개를 선택했던 것이며, 아마 그 초사회성이 유전되었을 가능성이 있다.

야생 동물을 집안으로 들이는 것은 우리 조상들로서는 큰 위험을 각오해야 하는 일이었을 것이다. 그것은 곧 먹이를 나눠 먹어야 하고 아이들의 안전이 위협받는 상황을 감수해야 한다는 뜻이었다. 그러므로 인류의 조상은 침착하고, 제2의 가족을 보호할 줄 알며, 또 데리고 다니기 유용한 동물만 길 렀을 것이다. 사교적인 개는 필요한 것 대부분을 인간과의 긍 정적인 상호 작용을 통해 얻었을 것이다. 그리고 이 점은 우 리를 다시 생화학 이야기로 돌려놓는다. 개와의 상호 작용으 로 우리 몸에 즐거움을 불러일으키는 신경 전달 물질이 분비 되는 것처럼, 개도 우리와 상호 작용함으로써 동일한 현상을 겪는다. 옥시토신, 베타엔도르핀, 프로락틴 그리고 도파민과 같은 호르몬들과 베타 페닐에틸아민이라는 신경 전달 물질이 분비되며, 이 물질들 모두 애정, 행복감, 그리고 유대감과 연 관된다. 개가 우리처럼 스트레스 호르몬인 코르티솔 감소를 겪는 것은 아니지만, 여전히 우리와 비슷한 즐거움의 생화학 적 수치를 보인다.

2장

개 해부학

개의 성

이를 어쩐담. 초면에 개의 번식을 논해야 하다니 난감하지만
얼른 이야기를 끝내도록 하자. 만약 정말 작고 귀여운 강아
지를 키우고 싶다면, 일단 개들이 짝짓기를 해서 출산을 해
야 한다. 암캐는 평균 생후 6개월에서 16개월 사이에 성적으
로 성숙해지는데, 이는 번식에 필요한 생식 기관이 다 자랐으
며, 체내에서 배란을 시작하는 호르몬이 생성될 수 있음을 뜻
한다. 대부분의 수캐는 생후 10개월 즈음에 성숙해진다. 이
부분은 개의 가장 가까운 조상인 늑대와 크게 다르다. 늑대
는 생후 약 2년이 되어서야 성숙해진다. 또한 늑대는 일부일
처제를 따르는 경향이 있는 반면, 개는 다수의 짝짓기 상대를
가진다.

　암캐는 일 년에 2번 발정기를 맞이한다(이 시기에 임신을 해

서 새끼 강아지를 낳을 수 있다). 반면 늑대는 일 년에 1번만 발정기를 맞이한다. 이것은 인간이 더 자주 새끼를 낳을 수 있는 개를 골라서 선택했기 때문인 듯하다.

짝짓기로 말할 것 같으면, 수캐는 맘에 드는 암캐에게 큰 관심을 보이며, 상반신을 낮추고 꼬리를 흔들며 암캐 주변을 서성이고 냄새를 맡는다. 수캐는 흔히 암캐의 얼굴, 목, 그리고 귀 주변을 꼬집듯이 물고 나서 옆쪽에서 암캐 위로 올라탈 것이다. 최종 결정은 암캐에게 있다. 수캐가 맘에 들지 않으면 암캐는 수캐를 물고 그르렁대거나, 옆으로 데구루루 구를 것이다. 암캐가 수캐의 매력을 발견한다면 암캐는 복종하는 것처럼 보이며, 흐느끼는 소리를 내고, 꼬리를 옆으로 끌어내릴 것이다.

자, 마음 단단히 먹고 시작해 보자…. 개의 음경은 대단히 흥미로운 두 가지 특이점을 갖고 있다. 첫 번째로 개의 음경은 (동물의 세계에서는 매우 드물게) 음경골이라 불리는 얇은 뼈를 포함하고 있다. 이 음경골은 개가 암캐 위로 올라타 음경을 암캐의 질 속에 삽입할 때 음경을 꼿꼿하게 유지시켜 준다. 두 번째로는 삽입 후, 음경의 귀두망울이라 불리는 특별한 조직이 팽창하여 두 동물의 생식기가 효과적으로 맞물려 있게 한다. 수캐가 정액을 사정하고 짝짓기가 성공한다면, 이 정액은 암캐의 난자들에게 도달하여 그 난자들을 수정시킬 것이다. 그 다음, 수캐가 암캐의 몸에서 내려온다고 하더라도 팽창된 귀두망울 때문에 개들은 5분에서 80분까지 의외로 오랜 시간 동안 서로 몸을 붙이고 있다. 게다가 가장 이상한 점은 그 이유를 확실하게 아는 사람이 아무도 없다는 점이다.

개의 임신은 (인간의 임신 기간이 280일인 것에 비해) 60~68일간 지속된다. 그리고 1마리에서 14마리까지는 정상적인 범주이긴 하지만, 평균적으로 한배에 6~8마리의 새끼 강아지들이 태어난다. 이 모든 탄생은 경이로우나 결국 안락사로 생을 마감하게 될지도 모르는, 원치 않는 강아지들이 태어나는 것을 막기 위해 개들을 중성화시키는 것이 바람직하다.

자, 무사히 끝나서 다행이다. 난 자연과학 부서로 가서 노리스 씨가 증류 연구 프로젝트를 하다가 남긴 에탄올이 있는지 확인해 봐야겠다.

개는 땀을 흘릴까?

설마 그럴 리가. 개는 발에 에크린샘(피부 표면 위에 바로 나 있는 땀샘)을 조금 갖고 있다. 하지만 개가 체온을 조절하는 데 크게 도움이 될 만큼 양이 충분하지는 않다. 몸이 모든 것을 균형 있게 유지하기 위해 몸의 여러 계통들을 조절하는 것을 항상성이라고 한다. 그리고 항상성은 호흡, 순환, 에너지, 호르몬 균형, 그리고 체온 조절이 결합된 것이다.

개의 정상 체온은 약 38.5도이며 우리 인간의 정상 체온인 37도보다 딱 1.5도 더 높다. 인간은 너무 심하게 더위를 느끼면 땀 분비, 호흡, 그리고 피부로부터 간단한 열 방출을 통해 체온을 조절한다. 하지만 개는 털이라는 두꺼운 절연층으로 덮여 있기 때문에 발한과 복사는 극히 위험할 수 있다. 만약 개가 땀을 정말 흘렸다면 그 개는 순식간에 묵직하고,

축축하고, 퀴퀴한, 젖은 대걸레 꼴로 변해서 기생충 범벅이 되어 역한 냄새를 풍길 것이다. 세균이 잘 자랄 수 있는 완벽한 환경을 조성한 셈이다.

단연코 가장 중요한 개의 체온 조절 수단은 헐떡거림(panting)이다. 개는 헐떡거림으로 몸을 식힌다. 인간이 땀을 흘려서 몸을 식히는 것과 거의 마찬가지 방식이다. 단, 개는 몸 안쪽에서 체온 조절이 이루어진다. 개는 비강, 입, 그리고 혀에 놀라울 정도로 넓은 표면적을 가지고 있다. 이 부위들은 타액으로 항상 축축하게 유지되며 모세혈관이 충분하게 자리 잡고 있다. 이 모세혈관은 피부 표면 가까이로 따뜻한 혈액을 실어 나른다. 개가 헐떡거림과 동시에 공기가 이 축축한 피부 표면 위를 지나가면, 표면 아래에서는 증발로 인한 열 교환이 이루어지면서 혈액이 식는다. 혀는 모세혈관이 풍부하고, 비강은 체온 조절에 가장 효과적이다. 그래서 개가 입을 통해 헐떡거리기 시작하면, 비강의 체온 조절 메커니즘은 최고 속력으로 돌입한다. 혈관 확장 역시 개가 시원함을 유지하는 데 도움이 될 수 있다. 얼굴과 귀의 혈관들이 팽창하면, 열복사를 증가시키는 데 도움이 된다. 그리고 여름에 개는 절연 효

과가 있는 부드러운 속털을 떨구어서 열복사가 더욱 효과적
으로 이루어지게 한다.

개는 왜
남북 방향으로 배변할까?

이제까지 발표된 가장 이상하고도 흥미진진한 연구 중 하나로, 체코와 독일 연구진은 개가 지구의 자기장에 이끌려 몸을 남북 방향에 나란하게 두고 배변하는 것을 선호한다는 사실을 밝혀냈다. 암캐는 몸의 방향을 남북으로 둔 상태로 배뇨도 하는데, 수캐는 그렇지 않다(다리를 들어 올리는 것이 이러한 정렬에 방해가 되는 듯하다). 국제학술지 〈동물학의 경계(Frontiers in Zoology)〉에 발표된 2013년도 연구는 70마리의 개를 2년 넘게 추적하고 5,582회 관찰하여 이러한 자기민감성(magnetosensitivity)이 존재함을 증명했을 뿐만 아니라, 개가 자기에 대단히 민감하다는 사실을 밝혀냈다. 지구 자기장은 변동하고, 이동하고, 심지어는 뒤집힐 수도 있다(지구의 북극과 남극은 과거에 지자기 역전 현상을 겪었다). 그래서 지구 자기장이 불안정할 때마다 개들의 이러한 방향성을 띤 행동은 잠시 중단된다.

이러한 행동 특이성은 풀을 뜯고 휴식을 취하는 소 떼와 사슴 무리에게도 익숙한 것으로 드러났다. 붉은여우는 자기 민감성을 이용해 사냥하는데, 북동 방향으로 쥐를 덮치면 잡을 확률이 더 높다(맹세코 내가 지어낸 이야기가 아니다).

이보다 더 흥미로울 수 있을까 싶겠지만, 학술지 〈네이처〉에 실린 2016년도 한 연구에서는 개의 눈에 있는 광수용체 속 크립토크롬을 식별해냈다. 빛에 민감한 이 분자들은 새가 광의존적 자성을 따라 길을 찾기 위해 대낮에 사용하는 수단들 중 하나이다(이 분자들 역시 빛에 의해 자극될 때만 지구 자기장에 반응한다는 뜻이다). 이 연구 결과는 개가 지구 자기장을 감지한다는 가능성을 높인다. 하지만 확신할 수 있으려면 더 많은 연구가 필요하다. 억지스럽게 들릴지 모르겠으나, 다른 동물들은 우리 인간을 훨씬 능가하는 민감성을 갖추고 있다는 것을 명심해야 한다. 일부 상어들은 전하에 대한 과민성을 이용하여 먹잇감을 사냥한다. 수많은 곤충류와 어류가 자외선을 감지할 수 있으며 뱀은 사냥할 때 적외선을 볼 수 있는 시력을 갖고 있다.

개의 털은 몇 가닥일까?

개를 키우는 사람들이라면 누구나 제 반려견이 얼마나 많은 털을 갖고 있는지 알고 싶어 한다. 그렇지 않은가? 그러나 답하기 힘든 질문이다. 선택적 교배로 인해 크기와 형태가 천차만별인 개가 생산되어 왔기 때문이다. 단일모를 가진 종이 있는가 하면 이중모 또는 레게 머리 같이 꼬인 털이 치렁치렁 드리워진 종(코모도르종)이 있는가 하면, 전혀 털이 없는 종(멕시칸 헤어리스 독)도 있다. 어쨌든 털 개수를 한번 세어 보자.

우선 우리는 반려견의 몸무게를 이용하여 표면적을 알아내야 한다. 이 작업은 까다로울 수도 있다. 작고 호리호리한 견종과 크고 퉁퉁한 견종 사이에는 표면적과 몸무게의 비율이 극적으로 변하기 때문이다. 하지만 다행스럽게도 〈MSD 수의학 매뉴얼〉에서 간략한 온라인 전환표를 게시해 놓았다.

일반적으로 5kg인 작은 개는 0.295m²의 표면적을 갖고 있고, 10kg인 개는 0.469m²의 표면적을, 20kg이라면 0.744m²의 표면적을, 30kg인 개는 0.975m²의 표면적을, 그리고 40kg인 개는 1.181m²의 표면적을 갖는다.

일단 표면적을 알아냈으면, 이 숫자에 표면적 1cm²당 평균 털 개수를 곱해야 할 것이다. 책〈밀러의 개 해부학(Miller's Anatomy of the Dog)〉에 따르면, 개는 표면적 1cm²당 평균 2,325개의 털을 갖는다. 그러니 반려견의 표면적에 이 수를 곱하면 아주 대략적이나마 다음과 같은 결과를 얻게 된다.

견종	평균 몸무게	표면적	털 개수
닥스훈트	5kg	0.295m²	685,875개
프렌치 불도그	10kg	0.469m²	1,090,425개
코커스패니얼	14kg	0.587m²	1,364,775개
보더콜리	17kg	0.668m²	1,553,100개
래브라도/골든 리트리버	30kg	0.975m²	2,266,875개
로트와일러	49kg	1.352m²	3,143,400개

| 그레이트 데인 | 60kg | 1.560m² | 3,627,000개 |

레게 머리를 한 개

헝가리안 풀리 견종은 자연 발생적으로 레게 머리처럼 꼬이는 두껍고 기름투성이인 털을 갖고 있다. 인터넷에서 '헝가리안 풀리가 뛰는 모습'을 검색해 보길 강력 추천한다. 비슷한 견종이자 역시나 헝가리 고유종인 코모도르의 털은 이 견종들이 자라서 보호해야 하는 양의 털과 비슷하게 보인다. 따라서 양은 이 개들을 두려워하지 않고 이 개들도 양 떼 '가족'을 보호해야 한다고 느끼며 자란다. 그러다가 양과 개가 모두 털을 깎는 봄마다 이런 변장술이 들통난다. 이 상황은 틀림없이 모두에게 매우 충격적일 것이다.

개는 왜 그렇게 귀여울까?

개의 귀여움과 진화 과학은 놀라울 정도로 연결되어 있다. 개는 똑바로 선 귀, 커다란 몸집, 교활한 눈, 그리고 긴 주둥이를 가진 무시무시한 생김새의 늑대 친족과는 먼 길을 걸어왔다. 특정 견종을 제외하고, 개는 늑대보다 늘어진 귀, 크고 동그란 눈 골격, 짧은 주둥이, 작은 몸집을 가지고 있으며, 특히나 우리를 홀리는 예사롭지 않은 처량한 표정을 짓는다.

이런 표정은 인간이 헤어 나오지 못하도록 진화된 것만 같은 정교한 근육에서 나온다. 이 근육은 입꼬리올림근(LAOM)이라 불리는데 개가 귀엽고, 슬프고, 처량하게 보이도록 만드는 기능을 한다. 이마 중앙 근처, 눈 위에 자리 잡고 있는데, 이 근육이 긴장하면 이마에 주름이 잡히고 눈이 커지면서 개의 얼굴에는 특유의 슬픔과 연약함을 드러내는 표정이 지어진다. 이 표정은 익히 연구된 우리의 양육 욕구를 직접적으로 이끌어낸다. 그저 유전적 변형에 의해 생겨난 것일 수도 있지만, 입꼬리올림근은 인간을 교묘하게 조종하는 강력한 수단이 되었다. 연구 결과에서도 낯선 사람들을 마주쳤을 때 이 근육을 적절하게 사용하는 유기견이 입양될 가능성이 더 높은 것으로 드러났다. 반면, 늑대에게는 이 근육이 없다.

행동적 측면에서, 인간은 자신들의 곁에서 행복감을 느끼고 자신감 있으며 온순하고 길들일 수 있는 동물들을 선택했다. 더욱 흥미로운 점은 우리 인간이 동물 종에서는 거의 찾아보기 힘든 종을 만들어냈다는 것이다. 그 종은 인간 곁에서 잘 지내고 어릴 때뿐만 아니라 훌쩍 커 버린 후에도 함께 노는 것을 진심으로 좋아한다.

육체적 측면에서, 개는 늑대보다 눈이 더 크고 주둥이는 더 짧아서 아주 귀엽다. 그래서 인간이 순전히 귀여움을 기준으로 선별하여 개를 길렀다고 단순하게 결론 내릴 수도 있을 것이다. 하지만 개의 외관이 생존을 위해 고군분투했던 초기 인류에게 특별히 중요한 요소는 아니었을 것이다. 그렇다면 어쩜 이렇게 눈망울이 큰 동물로 진화한 것일까? 여기에

는 '유형성숙'이라 불리는 대단히 흥미로운 가축화 전환 과정
이 작용한다. 기본적으로 우리가 생김새가 아니라 붙임성을
이유로 개들을 고른다 해도, 그 개들은 결국 성견이 되어서도
어릴 때의 속성을 계속 보유하고 있다는 논리이다.

1950년대, 러시아의 유전학자 드미트리 벨랴예프는 가축
화 과정을 재구성해 보기로 마음먹었다. 은여우를 이용하여
유순한 여우 모집단을 만들어 진화론적 변화가 어떻게 생기
는지 관찰했다. 그리고 이 연구는 유형성숙이라는 개념을 성
립하는 데 실마리를 제공했다. 1985년에 벨랴예프는 세상을
떠났지만, 논란의 여지가 있는 이 프로젝트는 (이 연구에 대한
자료가 부족한 듯하다) 여전히 진행 중이다. 그는 최대한 붙임성
있는 100마리의 암여우와 30마리의 수여우로 연구를 시작했
다. 그리고 태어난 새끼 여우들은 연구진들이 손으로 주는 먹
이를 먹지만 인간과는 최소한으로 접촉했다. 새로운 세대의
여우들 중 가장 붙임성 있는 10%만 남겨 두고 나머지 여우들
은 그들의 부모 세대가 있었던 모피 농장으로 돌려보냈다. 잔
인한 연구진들 같으니라고. 연구는 흥미진진하지만 말이다.
결과적으로 네 번째 세대 만에 새끼 여우들은 개들이 행동하

는 것처럼 꼬리를 흔들고, 인간과의 접촉을 갈구하며, 몸짓과 시선에 반응하게 되었다. 이 새끼 여우들은 새끼 강아지처럼 낑낑거리고, 흐느끼고, 연구진들을 핥았으며, 어른 여우가 되어서도 놀이를 즐기고 붙임성이 있었다. 또한 어린 나이에 성적으로 성숙해서 번식기와 상관없이 아무 때나 번식할 수 있었으며, 한 번에 더 많은 수의 새끼를 낳았다.

이 연구에서 가장 의아한 결과는 (몸의 형태나 크기가 아니라 길들여질 수 있는 속성만을 보고 여우를 선택했는데도) 강력한 신체 변화 또한 나타났다는 점이었다. 길들여진 여우는 보다 처진 귀와 짧은 다리, 동그랗게 말린 꼬리, 위쪽에 달린 턱과 주둥이뿐만 아니라 한층 옆으로 넓어진 두개골을 가지게 된 듯하다. 인간들이 '귀엽다'고 보는 이 모든 특질들을 말이다. 하지만 여기서 강조해야 할 점은 벨랴예프의 연구 결과는 완전히 공개되거나 확실하게 설명되지 않았으며, 가축화 신드롬에 대한 증거는 아직 명확하지 않다. 하지만 가축화 자체가 일부 개들의 신체적 외모를 변화시키는 것은 확실한 것 같다.

발과 발톱에 숨겨진 과학

개는 지행 동물이다. 지행이란 동물이 발가락 끝으로 걷는 것을 말한다. 인간이나 소와 말과는 다르다. 인간은 척행 동물이며 (우리는 걸을 때 발가락과 발허리뼈가 땅에 평평하게 닿는다) 소와 말은 발굽 동물이다(이 동물들은 발가락 끝, 그러니까 대개 발가락을 덮은 발굽으로 걷는다).

개의 발에 붙어 있는 볼록살들은 각질화된 표피로 되어 있다(표피란, 인간의 손톱과 머리카락처럼 단단한 단백질인 케라틴으로 되어 있는 피부이다). 각각의 발에는 (개의 발가락에 해당하는) 4개의 발가락볼록살이 붙어 있으며, 이것들은 (인간의 손꿈치와 같은) 하트 모양의 발바닥볼록살을 에워싸고 있다. 그것뿐만 아니라 앞다리 안쪽에, 그리고 더 드물게는 뒷다리 안쪽에도 역시나 거의 쓰임새가 없는 며느리발톱이 붙어 있다(이것은 아주 작은 인간의 엄지손가락과 같다). 개의 앞다리에는 앞발목 볼록살도 붙어 있다. 인체 조직에는 이에 상응하는 부위가 없다. 앞발목볼록살은 이따금씩 개가 급경사면을 내려갈 때 빨리 멈추도록 돕는 데 사용된다.

며느리발톱은 특히나 이상하다. 모든 개가 며느리발톱을 갖고 있는데, 대부분의 견종은 너무 작아서 눈으로 구별이 안 된다. 앞다리의 며느리발톱 속에는 작은 뼈와 근육이 있는데, 뒷다리의 며느리발톱에는 뼈나 근육이 있는 경우가 드물다. 심지어 일부 전문 사육가(breeder, 브리더)는 구조적인 결함이

놀라운 룬데훈트

노르웨지안 룬데훈트 견종은 다양한 묘기를 가지고 있다. 첫 번째로 다른 견종에 비해 2배의 며느리발톱을 가진 다지증 개로서, 각 발에는 발가락이 6개씩 달려 있다. 또한 머리를 180도로, 앞다리는 몸통에서 90도로 돌릴 수 있고, 또한 귀를 앞뒤 양방향으로 젖힐 수 있다! 원래 이 견종은 바다쇠오리 사냥을 위해 길러졌다.

있다는 것은 곧 없어도 괜찮다는 것이라고 설명하면서 뒷다리의 며느리발톱을 외과적으로 제거하기도 하는데, 이는 엄청난 통증을 유발한다. 어떤 견종들은 앞다리와 뒷다리 모두에 며느리발톱을 갖고 있는데, 그레이트 피레니즈는 흔히 뒷다리에 2개의 며느리발톱을 갖고 있다. 며느리발톱은 이 견종이 뼈나 (우리 집 개의 경우) 테니스공을 더 잘 움켜쥐려 할 때 이따금씩 이용된다.

볼록살은 충격 흡수 장치 역할을 하며, 땀샘도 갖추고 있다. 땀샘은 개가 체온을 조절하는 데 기여하지만 그리 효과적이지는 않다(개는 가끔 스트레스를 받거나 신경질이 날 때에도 발을 통해서 땀을 분비한다). 개 특유의 발 냄새는 미세한 구멍이 빽빽하게 들어찬 축축한 발바닥에 번식하는 곰팡이와 세균 때

보너스 뼈

인간의 뼈가 206개인 것에 비해, 일반적인 개는 319개의 뼈를 갖고 있다.

문이다. 개의 발톱은 고양이 발톱이 작동되는 방식으로는 움츠러들 수 없으며, 인간의 발톱과 달리 뼈와 직접 연결되어 신경과 혈관을 포함하고 있다. 개가 발톱을 깎기 싫어하는 수많은 이유 중 하나일 뿐이지만 말이다.

개는 물을 마실 때
왜 그렇게 어지럽힐까?

개가 물을 마시는 모습은 성급하고 지저분하게 보일지 모른다. 하지만 사실 이것은 가속도로 추진된 물 펌프 작용이라 불리는, 대단히 흥미로운 고난도 기술이자 시간이 정확하게 계산된 동작이다. 이 과정은 고양이가 물을 핥는 동작과 비슷하게 보이지만 매우 다르다. 고양이와 개의 혀는 너무 빠르게 움직여서 맨눈으로는 제대로 관찰하기 힘들다. 〈미국학술원회보(PNAS)〉에 실린 한 연구에서 마침내 고속도사진을 이용하여 개들이 물을 마실 때 무슨 일이 벌어지고 있는지 알아냈다.

개의 입은 턱을 크게 벌릴 수 있도록 되어 있어서 큰 포유류를 물 수 있으며, 결과적으로 불완전한 볼을 갖고 있다. 다시 말해서 인간, 말, 그리고 돼지와 달리, 개는 물을 빨아들이

가장 긴 혀

가장 긴 혀를 가진 개라는 기록을 보유 중인 브랜디는 미국 미시간주에 살았던 복서 견종으로서, 2002년에 세상을 떠났다. 기네스북에 따르면 브랜디의 혀는 길이가 43㎝로, 눈길을 사로잡기 충분했다.

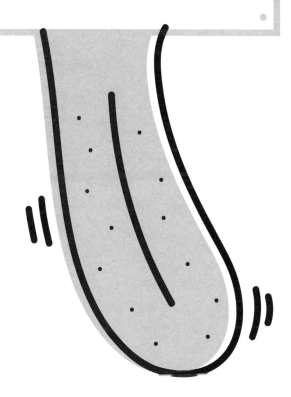

기 위해 입속에서 흡입력을 형성할 수 없다는 뜻이다. 그 대신, 개는 긴 혀를 뒤쪽으로 말아서 국자 모양을 형성한 후 물 속으로 쿵 내려놓는다. 이때 처음으로 첨벙하며 물이 튄다. 그러면 혀가 재빨리 도로 입속으로 홱 잡아당겨지면서, 아까 튀긴 물이 혀끝에 달라붙으며 솟아오르는 물기둥을 형성한다. 그 다음, 물기둥이 가장 큰 부피로 솟아오르는 시점에 그 물기둥을 입으로 덥석 물어 끊고 들이킨다. 덥석 물어 끊는 동작은 약간 지저분하긴 하지만, 그 전체 과정은 개가 곧은 혀로 핥을 때보다 한 번에 더 많은 물을 마실 수 있도록 한다.

개의 1년은 정말
인간의 7년과 같을까?

개의 평균 수명(반은 죽고 반은 살아 있는 나이)은 견종에 따라 10년에서 13년 사이 정도이다. 세계적으로 인간의 평균 수명을 70~72살로 간주하면, 간략하게 '개의 1년=인간의 7년'이라는 공식으로 정리하는 것이 타당해 보인다. 하지만 현실은 훨씬 더 흥미진진하기 마련이다.

완전히 다른 두 동물의 발달상을 비교하는 것은 어려운 일이나, 이유(더 이상 어미의 젖에 의존하지 않는 상태), 성적 성숙, 신체적 능력, 그리고 쇠약해지는 건강과 같은 특정한 삶의 사건을 비교해 볼 수는 있다. 노년기에 들어선 개는 인간이 겪는 것과 동일한 신체적 문제를 겪는다. 관절염, 치매, 그리고 여러 합병증이 그 예이다. 연구진은 일생 동안 변하는, 유전자상의 화학적 변화인 메틸롬을 비교하여 개와 사람의 생활

난세를 연결 지었다.

결과적으로 개는 초반에는 극도로 빠르게 성숙하지만, 11살까지 너무 더디게 발달해서 인간의 성장보다 훨씬 느리다. 인간이 성적 성숙에 이르는 나이가 15살인 것에 비해 개는 시기는 생후 6개월 정도이며, 9개월에 이르면 형태적으로 완전하게 성장할 정도로 노화 속도가 무척 빠르다. 1살의 나이인 개는 인간 나이로 30살에 해당하며, 개가 3살이 되면 인간 나이로 50살에 해당한다.

물론 예외적인 경우도 있다. 잡종견은 순종견보다 약 1.2년 더 오래 살고, 몸집이 작은 견종은 더 큰 견종보다 오래 산다. 투견으로 체구가 큰 마스티프는 대개 고작 7년 혹은 8년까지 살지만, 작은 몸집의 미니어처 핀셔는 평균 14.9년을 산다.

개는 인간 나이로 몇 살일까?

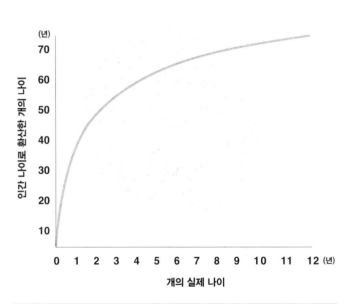

(년)
70
60
50
40
30
20
10

인간 나이로 환산한 개의 나이

0 1 2 3 4 5 6 7 8 9 10 11 12 (년)

개의 실제 나이

제일 오래 산 개

세계에서 제일 오래 산 개는 1910년 6월에 태어나 29년 5개월 7일의 나이로 1939년 11월에 눈을 감은, 오스트레일리언 캐틀 도그 송인 블루였다.

3장

조금은 고약한 개의 몸

개는 왜 방귀를 뀔까
(고양이는 안 뀌는데)?

개는 잡식성 동물이며 게걸스러운 입에 들어갈 만한 것은 무엇이든지 아주 많이 먹는다. 야생에서 고기로만 얻을 수 있는 몇 가지 미량원소가 꼭 필요하긴 하지만, 개는 섬유질을 포함하여 모든 것을 처리하도록 설계된 소화계를 갖추고 있다.

반면 고양이는 완벽한 육식동물으로, 이는 곧 소화계가 단백질과 지방은 풍부하지만 탄수화물과 섬유질은 아주 적게 들어 있는, 100% 육류 먹이를 위해 설계되어 있다는 뜻이다. 고양이는 대부분의 동물보다 더 짧은 소화관을 갖고 있으며, 단백질과 지질을 더 작은 분자로 부수는 데 초점이 맞춰져 있다(여담이지만 고양이는 인간이 하는 방식대로 탄수화물에서 포도당을 생성하지 않는다. 그 대신 간에서 포도당신생합성 과정을 통해 포도당을 합성한다. 이 과정은 우선 단백질을 아미노산으로 분해하고, 더 나아가 포도당으로 전환시키는 것이다. 놀랍지 않은가?). 어쨌든 고양이와 개의 주요 차이점은 개는 섬유질을 분해할 수 있지만, 고양이는 그렇지 않다는 것이다.

이것이 방귀와 어떤 관련이 있을까? 자, 개의 방귀는 주로 곡류와 채소류 같은 섬유질 먹이에서 생성된다. 소장에 있는 효소가 아니라 장내 발효 과정에서 대장에 있는 세균에 의해 섬유질 먹이가 분해될 때 방귀가 생성되는 것이다. 그런데 세균에 의한 장내 발효 과정의 부산물은 가스다. 종류가 다양한 가스 중 일부는 냄새가 정말 너무 지독하다. 반면 고양이는 과일과 채소류를 먹지 않기 때문에 고양이 먹이에는 세균에 의해 발효될 만한 섬유질이 거의 들어 있지 않다. 이런 이유로 고양이는 방귀를 거의 뀌지 않는다. 개가 방귀를 뀌는 데에는 먹이를 먹을 때 삼키는 공기도 꽤 큰 부분을 차지한다. 개는 다량의 공기를 마시면서 게걸스럽게 먹이를 먹는 반면, 고양이는 먹이를 조심스럽게 천천히 먹는 경향이 있다.

개는 무엇이든지 먹어 치우고, 원할 때마다 방귀를 뀌며, 대개는 방귀를 뀌고 나서 스스로 아주 만족스러워 보인다. 정말 나와 비슷하다.

개똥의 과학

일부 특정 지역에서는 오래된 개똥이 불쑥불쑥 발견된다. 한 샘플은 7,000년 된 중국 농촌 마을에서, 또 다른 샘플은 17세기 영국의 요강에서 발견되었다. 400년 전부터 어떤 게으른 사람들이 개를 산책시키기 귀찮아서 요강에 배변하도록 가르쳤던 것이 분명하다. 영국의 개들은 추정하건대 연간 36만 5,000톤의 분변을 생산한다(비교하자면 엠파이어 스테이트 빌딩의 무게가 33만 1,000톤이다). 도시의 개 분변 문제를 해결하기 위한 시도로, 타이완의 신베이에 사는 사람들은 배변 봉투 1개를 제출할 때마다 복권을 1장씩 받았다. 4,000명의 사람들로부터 총 1만 4,500개의 배변 봉투가 수거되었으며, 한 50대 여성이 216만 원(1,400파운드) 상당의 금괴에 당첨되었다. 이 대책은 도시의 반려동물 배설물 양을 반으로 줄였다는 평가를 받는다.

그럼 개똥에는 어떤 성분이 들어 있을까? 글쎄, 반려견의 먹이, 나이, 그리고 건강 상태에 따라 다르다. 하지만 일반적으로 개똥에는 수십 억 마리의 세균들(살아 있는 것과 죽은 것 모두 포함), 미처 분해되지 않은 소화가 덜 된 음식물(특히 섬유질 먹이), 소화계에서 떨어져 나온 오래된 세포들뿐만 아니라, 기능적으로 완벽한 소화액, 효소, 담즙, 산, 그리고 그 밖에 장벽을 통해 재흡수되지 않은 음식물을 분해하기 위해 체내에서 생성되는 다른 분비물들이 포함되어 있다. 또한 개똥에는 가스, 단사슬 지방산, 그리고 그 밖에 약간의 찌꺼기들도 들어 있다. 하지만 이 성분들 중에는 건강한 대변의 구수한 냄새를 유발하는 물질은 없다. 그렇다, 이 냄새는 소화가 덜 된 단백질이 대장으로 들어가면서 생성되는 황화수소, 인돌, 그리고 스카톨에서 비롯된다. 이 화학물질들은 극소량 생성될 뿐인데도 강력한 방귀 소리를 내는 것이 가능하다. 흥미로운 사실은 개는 배변할 때 제 항문낭(엉덩이 양쪽에 각각 있는 분비샘)에서 나오는 냄새 나는 페로몬 분비물을 첨가한다. 이 페로몬 분비물은 개의 나이, 성별, 그리고 정체에 대한 정보를 남긴다.

다음 수치들을 살펴보자. 미국에서만 매년 900만 톤의 개똥이 배출되는데, 조사에 따르면 이 중 60%만이 수거되어 처리된다. 정말 말도 안 된다. 퇴비화가 가능한 쓰레기봉투에 넣어서 버린다 해도 개똥은 여전히 문제가 될 수 있다. 그 봉투가 일반 쓰레기로 분류되어 버려진다면, 결국 매립될 것이며, 제대로 퇴비가 되지 않고 발효되어 특히나 문제가 되는

전설의 개들
안드렉스 퍼피

안드렉스사는 1972년부터 화장실 휴지 광고에 엄청나게 귀엽지만 말썽꾸러기인 황금빛 래브라도 리트리버종 강아지들을 모델로 썼다. 그렇게 해서 이 상품의 쓰임새가 우리 엉덩이를 닦는 것이라는 사실을 굳이 생각할 필요 없이, 상품 자체가 사람들의 관심을 끌게 되었다. 정신분석가라면 누구나 광고의 이면에 보들보들한 강아지 같은 느낌의 화장지로 뒤처리를 하는 것이, 예를 들어 나이 든 저면 와이어헤어드 포인터 같은 느낌의 화장지로 뒤처리하는 것보다 더 낫다는 의미가 숨어 있다고 결론 내릴 것이다.

온실가스, 즉 메탄가스를 배출할 것이다. 가장 좋은 방법은 개똥을 퇴비에 섞는 것이다(하지만 냄새가 정말 심하고, 신경 써서 다루어져야 한다). 분변은 잠재적으로 유용하고 환경에 유익하지만, 제대로 다루어졌을 경우에만 그렇다. 따라서 이 문제는 필사적으로 해결책이 필요한 영역이다.

개 소변의 과학

개의 소변은 사람의 소변과 놀랍도록 비슷하다. 주로 수분(95%)으로 이루어져 있으며, 여기에 놀라울 정도로 다량(5%)의 유무기 노폐물, 금속, 그리고 이온이 용해되어 있다. 한번은 BBC 방송 프로그램에서 아무런 사전 준비 없이 즉석에서 각각의 구성 물질들을 이용해 소변을 만든 적이 있다. 반응은 실로 폭발적이었다. 그러니까, 충분한 안전 대책 없이 칼륨을 물에 떨어뜨리겠다는 생각은 확실히 좋은 생각이 아니라는 것만 말해 두겠다.

소변은 기본적으로 몸 밖으로 물질들, 특히 세포의 물질 대사(우리 몸의 세포들이 에너지를 생성하고 소모할 때 거치는 과정)에서 나오는 질소가 풍부한 부산물을 배출하는 수단이다. 소변으로 배출되는 이러한 물질들에는 요소, 크레아틴, 그리고 요산과 같은 유기 화합물뿐만 아니라 당질, 효소, 지방산, 호르몬, 무기물 암모니아, 염화 이온, 그리고 나트륨, 칼륨, 마그네슘, 또한 칼슘과 같은 금속도 포함되어 있다. 이런 물질들의 상당량이 가정에서 많이 사용된다. 요소는 흔히 결빙 방지제로 판매되며 제모제, 동물 사료, 그리고 보습제의 성분이기도 하다. 한편, 크레아틴은 근육 이상을 겪는 사람들을 위한 식품 보충제와 운동선수용 경기력향상약물(PED)로 이용된다.

개들은 서로의 소변에 이끌린다. 소변에는 많은 정보가 담긴 페로몬과 같은 냄새 나는 물질이 포함되어 있기 때문이다. 페로몬은 개가 수컷인지 암컷인지, 번식 주기에서 현재의 단계, 나이, 정서 상태, 그리고 당뇨와 같은 질병 여부까지 알려준다. 특히나 수캐는 원하는 곳 어디에나 배뇨를 해서 영역을 표시하고 싶어 한다. 하지만 일반적인 인식과는 반대로, 이러한 영역 표시는 다른 동물들에게 접근 금지를 경고하기보다는 안부 인사를 건네는 것에 더 가깝다.

수캐는 왜 배뇨할 때 다리를 들까?

여러분의 (수컷)강아지가 배뇨하려고 가로등 기둥에 처음으로 다리를 들어 올린 날에 만감이 교차했을 것이다. 한편으로는 성숙을 향해 작은 발걸음을 내딛은 작은 털북숭이 아들을 대견해하는 부모의 심정도 느낄 것이다. 다른 한편으로는 이제부터 털북숭이 녀석이 온갖 물건과 사람에 대고 다리를 들어 올려 댈, 그 무분별한 험핑(humping) 시기가 머지않았음을 어렴풋이 깨닫는다.

그런데 암캐는 얌전히 쪼그리고 앉는데 수캐는 왜 그렇게 공공연히 다리를 올려야만 할까? 사실 수캐만이 할 수 있기 때문이기도 하다. 수캐의 음경에 있는 연골성의 음경골이 음경을 꼿꼿하게 지탱해 주어 배뇨 시 강한 방향성을 띠게 만든다. 그 덕분에 수캐는 위생상 큰 문제없이, 다리를 올리고 소변을 발사하여 어떤 지점에 명중시킬 수 있다. 만약 암캐가 똑같은 동작을 한다면(이런 경우를 아직까지 들어본 적은 없지만) 암캐는 제 몸에 약간의 소변을 뿌릴 가능성이 높다. 이것이 결국 감염증을 유발하거나 털을 손상시킬 수도 있다.

그래서 소변을 뿌릴 수 있는 수단을 가진 수캐는 그 기회를 잡아 소변을 냄새 표지로 이용하여 자신에 대한 정보를 퍼뜨린다(소변에는 개의 성별, 건강 상태, 그리고 나이에 대한 수많은 정보가 들어 있다). 그런데 여기에는 대단히 흥미로운 반전이 숨어 있다. 〈동물학 저널(Journal of Zoology)〉에 발표된 한 연구는 몸집이 작은 개가 큰 개보다 다리를 더 높이 젖힌다는 사실을 증명했다. 아마도 다리 들어 올리기를 제 몸 크기와 경쟁력을 과장해서 다른 개를 속이는 기회로 이용하는 것일 수도 있다.

개에 기생하는 생물들: 벼룩, 진드기, 그리고 몸좀진드기는 무엇일까?

벼룩

개의 몸에서 발견되는 가장 흔한 벼룩은 얄궂게도 고양이벼룩(Ctenocephalides felis)이다. 이 벼룩은 다리가 6개에 몸 전체 길이가 2~5mm이며, 옆에서 보면 몸통이 납작하다(마치 엘리베이터 문틈에 짓눌린 것처럼 보인다). 고양이벼룩은 약 22cm 높이까지 점프할 수 있다. 사람으로 치면, 엠파이어 스테이트 빌딩 높이의 90%까지 점프한 것과 같다.

벼룩은 오로지 숙주동물의 피만 먹고 산다. 벼룩의 수명은 짧으면 16개월, 길면 21개월이고 적절한 환경 조건에서는 먹이 없이 일 년까지 살아남을 수 있다. 벼룩은 생애 대부분을 숙주동물과 떨어져 지내다가 성충이 되면 숙주동물의 피를 흡입한다. 일단 피를 주식으로 먹었다면, 벼룩은 성장하고,

번식하고, 그러다가 몇 주 내로 죽는다. 암컷 벼룩은 하루에 50개까지 알을 낳을 수 있으며, 이 알들은 곧 개의 몸 표면에서 떨어져 나간다. 벼룩의 알이 유충으로 부화하면 카펫과 침구 속에 파묻혀 지내며 벼룩의 배설물을 먹고 산다(그렇다, 벼룩은 부모의 똥을 먹고 산다).

벼룩이 혐오스러울지는 몰라도, 정말 대단하다는 것은 인정해야 한다. 다만 안 좋은 점은 벼룩이 가려움증, 실혈, 염증, 그리고 알레르기피부염을 유발한다는 사실이다. 할 수 있다면 벼룩을 제거해 보길 바란다. 그리고 이왕이면 애초에 벼룩들이 개털을 장악하게 두지 말자!

진드기

진드기는 다리가 8개인 거미류에 속하며 잠재적으로 매우 위험한 동물이다. 여러 가지 질병 (특히나 심각하다는 라임병을 포함해서), 알레르기, 빈혈증, 극심한 실혈, 그리고 진드기 마비증을 유발하기 때문이다. 진드기의 성충은 피를 먹은 정도에 따라서 전체 길이가 3~5mm에 달하지만 알, 유충 그리고 약충은 그것의 몇 분의 일밖에 안 되는 길이다. 진드기는 봄과 여름에 개가 초목을 스칠 때 몸에 올라탄다. 그 후 진드기는 개의 몸을 기어다니며 머리, 귀, 혹은 목을 향해 나아간다. 진드기는 생애 주기를 완수하려면 세 번에 걸쳐 숙주 동물의 피를 먹어야 한다. 그리고 암컷 진드기는 가장 알아보기 쉽다. 몸속에 피가 가득 차 있을 때 몸이 더 커지기 때문이다. 각각의 암컷 진드기는 죽기 전까지 5,000~6,000개의 알을 낳을 수 있다.

개는 정기적으로 (특히 봄과 여름에) 진드기 검사를 해야 한다. 진드기들은 개의 표피에서 사마귀 같은 작은 혹처럼 만져질 것이다. 그러니 여러분은 이 역겨운 조무래기들을 찾아내기 위해 개의 털을 샅샅이 뒤져야 할지도 모른다. 진드기의 머리와 대부분의 다리들은 털에 파묻혀 있으며 피가 찬 몸통과 뒷다리 몇 개만 눈에 띈다. 진드기는 국소 살충제로 죽인 다음, 핀셋 혹은 작은 전용 플라스틱 도구로 뽑아내야 한다.

옴좀진드기

이 끔찍한 진드기의 세 가지 주요 유형들로는 옴좀진드기(전염성이 강한 개옴 유발), 모낭충진드기(비전염성 모낭충증 유발),

그리고 개의 외이도와 내이도에 들끓는 귀진드기가 있다.

세 가지 유형의 진드기들 모두 그리 유쾌하지 않고, 몸집이 0.5mm를 넘지 않으며, 대부분 너무 작아서 눈에 보이지 않는다. 하지만 잘하면 수의사가 감염된 개의 귀지 속에서 귀진드기를 발견할 수 있을지도 모르겠다. 단연코 최악은 옴좀진드기이다. 이 진드기는 사람에게도 감염을 일으킬 수 있으며, 피부 깊숙이 파고들기 때문에 발견하기가 힘들다. 또한 옴좀진드기는 독소와 알레르겐을 생성하여 개에게 염증과 피부 자극을 일으켜서 개가 몸을 긁고, 비벼 대고, 물어뜯게 만든다. 반면, 모낭충진드기는 지극히 당연하게도 개의 모낭에 기생하고 있는데, 개체 수가 너무 커지지 않는 한 거의 어떤 문제도 일으키지 않는다. 이 진드기들로 인해 개털 군데군데에 좀먹은 모양이 생기고, 개들은 불쾌하게도 연달아 살충제 목욕을 해야만 한다.

눈곱이란 무엇일까?

눈꺼풀 안쪽 막을 결막이라고 부른다. 그리고 이 결막에서는 점막 분비물이라 칭하는 묽은 점액이 스며 나온다(이것은 눈물과는 다르다. 눈물은 눈물샘에서 생성되며 물기가 더 많고 자극원을 씻어 내는 데 더 유용하다).

점막 분비물은 끈적끈적한 수성 분비물로서 많은 물질들을 함유하고 있다. 예를 들어 전염을 방지하는 데 도움이 되는 항균 효소가 있으며, 바이러스, 세균, 그리고 이물질을 식별하는 면역글로불린도 들어 있고, 뮤신에 의해 한데 뭉쳐 있는 항균 무기염과 당단백질도 있다. 이때 뮤신은 이 엄청난 수프 전체를 점성 있는 겔로 변화시킨다.

이 점막 분비물은 현미경으로만 보이는 침입자를 막아내는 동시에, 눈을 건강하고 매끄럽게 유지하는 데 도움을 주는 대단한 물질이다. 또한 점막 분비물은 끊임없이 생성되며 대개는 눈꺼풀을 깜박일 때마다 눈물에 의해 씻겨 내려간다. 개가 (그리고 사실은 인간도) 잠들어 있는 동안, 눈물 생성은 줄어들고 필요 이상의 점막 분비물이 눈에서 스며 나와 탈수된다(그 속에 있던 수분이 증발하는 것이다). 그러면 그 겔 속에 섞여 있거나 녹아 있던 다른 성분들이 함유된 딱지가 남게 될 것이다.

인간의 눈 속에서도 이와 똑같은 과정이 벌어진다. 물론 코에서도 마찬가지이다. (콧물로도 알려져 있으며, 점막 분비물과 똑같은 구성 요소들을 상당량 함유하고 있는) 코 점액이 마르면, 기분 좋게 바삭한 코딱지가 남게 될 것이다. 그러니까, 이 바삭한 점막 분비물을 '눈딱지'라 부르는 게 정말 딱 맞는 표현이다. 사실 우리는 '눈곱'이라고 부르지만 말이다.

약간의 눈곱은 지극히 정상적인 상태이며 조심스럽게 제거해 줄 수 있다(조심하자. 이 부분은 개의 얼굴에서 민감한 영역이다). 하지만 만약 여러분의 반려견이 평상시보다 더 많은 눈곱을 생성하거나 눈곱에 고름이 섞여 있다면, 그걸 만진 손에 점액 농즙성 분비물이 묻어서 어쩌면 여러분은 알레르기 결막염 같은 질병을 앓게 될지도 모른다. 그럼 여러분과 반려견 둘 다 병원으로 출발해야 한다.

개의 입 냄새

개의 입 냄새는 매우 변화가 크며, 거의 언제나 구강 건강 상태와 관련이 있다. 그렇기는 하지만 내가 제일 좋아하지 않는 입 냄새는 구강 건강 상태와는 아무 관련 없이 내 반려견 블루가 고양이 토사물을 먹자마자 나를 핥을 때 맡은 것이다.

개의 고약한 입 냄새는 인간의 것과 무척 비슷하다. 이를 구취라 한다. 그런데 이 단어는 질병의 원인이 아니라 어떤 원인에 의한 증상을 일컫는다. 구취는 대개 치태, 치아 질환 혹은 잇몸 질환 때문이거나 혀 안쪽에 세균이 축적된 결과이다. 치태는 세균과 균류로 이루어진 끈적끈적한 퇴적물로서 치아 표면에서 지속적으로 형성된다. 그리고 세균이 설탕을 분해하면서 산을 생성하여 치아 뼈를 침식시키기 때문에 치태는 충치를 유발할 수도 있다. 또한 이 치태라는 생물막은 그 아래로 중식하는 혐기성균을 가둬 둘 수도 있다. 그 결과, 잇몸, 결합 조직 그리고 뼈에 악영향을 끼치는 염증성 치주 질환이 생긴다. 또 다른 흔한 구강 질환은 잇몸염(치은염)이다. 이 질환은 치아와 잇몸 사이 홈(치은열구)에 생긴 염증으로서 구취의 한 원인이 되기도 한다.

세균은 치아 표면의 미세한 틈 속에 서식처를 마련하는 것을 아주 좋아한다. 그래서 개 입 냄새의 일반적인 해결책은 전용 치약으로 개의 치아를 잘 닦아 주는 것이다. 다른 해결 책은 스케일링(치태를 제거하는 과정)과 폴리싱(치아 표면의 미세한 틈을 매끈하게 해 주는 과정)이라는 치과적 처리 과정과 더불어, 특별한 (그리고 비싼) 치아 건강 식품을 먹이는 것이다.

개는 왜 제 생식기를 핥을까?

모든 개는 정상적인 그루밍(털 손질)의 일환으로 제 생식기를 핥는다. 이런 행동은 우리가 보기에 별로 좋지 않다(특히나 그렇게 한 직후 우리 얼굴을 핥으려 할 때 더욱더). 하지만 이게 다 위생 때문이다. 휴지, 샤워 젤, 그리고 수도꼭지에서 나오는 냉온수를 이용할 수 없는 상황이라면, 아마 우리 인간도 결국은 똑같은 행동을 하게 될 것이다. 개는 배변과 배뇨 후 그 부분을 청결하게 유지하기 위해 핥는다(짐작건대, 똥과 오줌을 핥아서 병에 걸리게 될 위험성은 개가 핥은 부위를 감염시킬 위험성보다 더 낮다).

그건 그렇고, 점막에 관해 이야기해 보자. 점막은 촉촉하게 유지되어야 하는 신체 부위, 예를 들어 눈, 콧구멍, 항문, 음경 혹은 외음부, 그리고 생식관과 같은 신체에 난 구멍에서 주로 볼 수 있다. 점막에서는 점액이 나온다. 이 찐득거리는 점액은 유용한 물질로, 개의 몸속으로 들어가려는 불특정 세균, 효모, 그리고 바이러스를 죽이는 데 도움이 된다. 하지만 개는 이따금씩 각종 막에서 과도하게 분비된 점액, 땀, 분비물, 그리고 배출물을 씻어 내야 한다. 가끔 이 분비샘들이 끈적거리는 물질을 필요한 것보다 약간 더 많이 생산하면 이 분비물은 위생 목적을 위해 핥아서 닦아 낼 필요가 있다. 견주에게는 역겹게 보일지 몰라도, 이런 행동은 완전히 정상이다.

만약 이 핥는 행동이 지나친 것 같다면 요로감염증, 알레르기, 피부 감염 혹은 항문주위샘 이상과 같은 건강상의 문제 때문일 수도 있다. 그럴 때는 수의사에게 문의하는 것이 좋다.

개가 우리 얼굴을
핥게 두어도 될까?

개는 왜 그렇게 얼굴을 핥는 것을 좋아할까? 그것은 흔한 애정 표현 중 하나이다. 늑대들은 무리로 다시 돌아온 개체를 맞이하기 위해, 강아지들은 저들끼리 유대를 강화하기 위해 얼굴을 핥는다. 이런 행동은 단순히 그루밍이라는 위생적인 목적을 수행하는 것이기도 하다.

하지만 핥기는 다른 목적으로도 이용된다. 야생에서는 암컷 늑대가 사냥하러 나가서 먹이를 먹고 돌아오면 새끼 늑대는 그들의 얼굴을 핥아서 암컷 늑대가 먹은 먹이를 역류시키도록 부추긴다. 그 역류된 먹이를 먹기 위해서이다. 개들의 무리에서 핥기는 그 집단에서 서열이 더 낮은 구성원들과 더 높은 구성원들 사이에 의사소통의 수단으로 쓰인다. 서열이 낮은 개는 웅크린 채로 서열이 높은 개를 핥음으로써 제 위치를 받아들이고 있음을 표현한다. 이때 서열이 높은 개는 자신만만함을 보이며 핥아 주는 것을 받아들이되 반응하지 않는다. 그런 반응이 나약함을 드러내는 불필요한 표현처럼 보일 수도 있다. 하지만 모든 구성원이 제 위치를 받아들일 때, 그 무리의 복잡한 세력 구도는 더욱 단단해진다.

다시 한번 말하지만, 반려견은 정적 강화 때문에 여러분을 핥는 것일 수 있다. 과거에 개가 얼굴을 핥았을 때 여러분이 미소, 웃음, 그리고 어쩌면 포옹으로 긍정적인 반응을 보였기 때문에 이제 개는 똑같은 반응을 더 많이 얻기 위해서 그 행동을 반복하는 것이다. 핥기를 입맞춤으로 간주하는 것이 비약은 아니다.

그럼 개의 입맞춤에는 뭐가 들어 있을까? 글쎄, 우선 첫 번째로 개의 입맞춤은 세균, 바이러스 그리고 효모가 어지럽게 뒤섞인 총체이다. 물론 우리 인간의 입은 적당히 많은 미생물을 품고 있기 마련인데, 우리 반려동물들의 입에는 그 녀석들이 핥고 있던 것이 무엇이든 간에 그것에서 나온 미생물들이 포함되어 있을 것이다. 예를 들어 똥, 먼지, 제 엉덩이, 다른 개의 엉덩이, 제 생식기, 다른 개의 생식기… 어떤 상황

인지 그림이 그려질 것이다. 개의 타액 역시 (인간의 타액처럼) 상처를 씻어 주고 낫게 하는 항균화합물을 함유하고 있다. 하지만 일부 항균화합물은 개의 타액에서만 볼 수 있고, 인간의 면역계가 다루지 못할지도 모른다. 미국의 과학 저널 〈플로스 원(PLOS ONE)〉에 게재된 한 논문은 개의 입속에서 확인된 미생물들의 16.4%만이 개와 인간에게 공통적으로 존재한다고 발표했다. 그래도 대부분의 미생물학자들은 다양한 마이크로바이옴을 두려워하지 않아도 된다고 말할 것이다. 즉, 대부분의 미생물들은 해롭지 않으며 수많은 미생물이 인간에게 유익하다는 것이다. 그렇다고 해서 대장균, 살모넬라균, 그리고 클로스트리듐 디피실리균을 포함하여 일부 미생물이 (인간에게 해로운) 동물사람공통감염증을 일으키지 않는다는 뜻은 아니다.

여러분을 핥아 주고 있는 반려견으로부터 전염병을 옮을 일은 거의 없는 듯하지만, 가능성이 아예 없는 것은 아니다. 노인이나 고령자 그리고 손상된 면역계를 가진 사람들은 위험에 노출될 가능성이 더 크다. 그리고 개가 여러분의 점막뿐 아니라 벌어진 상처를 핥는 것에 대해서도 조심해야 한다. 하지만 기본적으로 우리가 사는 세상은 온통 맨눈으로 확인할 수 없는 미생물들이 들끓는 수프와 같다. 따라서 개가 우리를 가끔 핥는 것으로 우리 몸에 엄청난 변화가 생기지는 않을 것이다.

개들은 왜 서로
엉덩이 냄새를 맡는 걸까?

이 행동을 이해하기 위해서, 우리는 개가 이 세계를 보는 방식에 대한 고정관념을 바꿀 필요가 있다. 문제의 정답은 개들은 앞을 전혀 볼 수 없다는 것이다. 적어도 우리가 앞을 보는 것처럼 효과적으로 볼 수 없다는 뜻이다. 인간의 주요한 감각은 시각이며, 대뇌 피질 대부분이 시각적 정보를 처리하는 데에 집중되어 있다. 반면, 개의 뇌는 냄새를 처리하는 데 더 치중되어 있다. 개의 뇌에서 냄새에 기여하는 부위는 인간의 뇌에서 이에 견줄 만한 부위보다 40배 더 크다. 개들이 세계에 대해 떠올리는 '심상'은 시각적 모습보다는 냄새에 더 의존하여 구축된다. 우리가 이해하기 어려울 수도 있는 어떤 것인 셈이다.

개는 다른 개의 엉덩이와 생식기 (특히 항문 옆 분비샘뿐만 아니라, 개의 꼬리 위의 보라색 분비샘(violet gland, 꼬리전샘 혹은 전미골부샘) 냄새를 맡는 것만으로도 다른 개에 대한 방대한 정보를 알아낼 수 있다. 대다수의 개들이 알몸으로 활보하기 때문에 손쉽게 정보들을 입수할 수 있다. 엉덩이와 분비샘은 나이, 성별, 기분, 건강, 번식 능력, 그리고 번식 주기상 단계와 같은 정보를 제공한다. 만약 개들처럼 우리가 눈에 보이는 모습만으로 서로를 평가하지 않았다면 인간은 훨씬 더 행복했을 것이라는 생각에 우리 모두 동의할지도 모르겠다. 하지만 아마도 엉덩이 냄새 맡기 같은 것이 긍정적인 사회적 변화의 시작을 알리는 가장 좋은 방법은 아닐 것이다.

이상하게도 암캐는 냄새 맡는 행동에 있어서 수캐와 다른 양상을 보인다. 학술지 〈앤스로주스(Anthrozoös)〉에 발표된 한 연구 결과에 의하면, 암캐는 머리 영역에 집중했으며, 수캐는 항문 영역에 집중했다. 상대 개의 성별과 상관없이. 거참, 희한하다.

반려견은 왜 우리의 가랑이 냄새를 맡는 걸까? 사실 인간 역시 냄새를 풍긴다. 우리가 그 냄새를 맡지 못하더라도 말이다. 우리의 생식기와 엉덩이 주위에 아포크린샘이 집중되어 있으며, 이 분비샘들에서는 페로몬이 생성된다. 인간의 페로몬은 개의 페로몬과 마찬가지로 나이, 기분, 건강, 그리고 월경 주기상 단계와 같은, 우리 자신에 대한 수많은 정보들을 제공한다. 우리가 개와 동일한 종이 아니어도, 인간의 페로몬 일부는 개의 페로몬과 매우 흡사하여 수캐는 이 일부 페로몬에 특별히 관심을 보일 것이다. 이 호르몬들은 개를 성적으로 흥분시키는 결과를 낳을 수도 있다. 물론 우리가 그런 행동을 무례하게 혹은 불쾌하게 여긴다는 사실을 개들이 이해할 턱이 없다. 개는 그저 우리가 제공할 수밖에 없는 정보에 흥미를 느끼는 것뿐이다.

냄새에 강한 개

개의 후각은 우리 인간의 후각보다 적게는 1만 배에서, 많게는 10만 배 더 강력하다.

개는 왜 똥을 먹을까?

식분증(똥을 먹는 증상)은 생각만 해도 역겹지만 놀랍게도 동물계에서는 흔한 증상이다. 나는 제 똥을 먹고 있는 개코원숭이를 목격한 적이 있는데, 이 행위는 코끼리, 파리, 코뿔소, 대왕판다 그리고 카피바라(세계에서 가장 큰 설치류)에서도 확인된다. 특히나 식물을 먹고 사는 초식 동물부터 나비, 파리, 그리고 딱정벌레는 모두 마음껏 똥을 먹는다. 똥 안에 소화가 덜 된 음식물이 다량 함유되어 있기 때문이다. 맛있나 보다. 흰개미류는 질긴 섬유소를 소화할 수 있게 해 주는 장내 미생물들을 공유하기 위해 서로의 똥을 먹는다. 또한 굴토끼류와 산토끼류를 포함하는 토끼목 동물은 식변(토끼목 동물의 두 가지 유형의 분변 중 더 부드러운 것)을 먹어서 질긴 식물의 영양소를 추출할 두 번째 기회를 스스로 얻는다. 햄스터와 고슴도치 같은 크기가 작은 포유동물들은 제 똥에서 영양소를 추출한다(장내 세균은 음식물을 분해하면서 비타민 B와 비타민 K를 합성한다). 또한 코끼리와 코알라 같은 일부 동물들의 새끼는 무균 상태의 창자를 갖고 태어나므로 미생물이 풍부한 다 자란 동물의 똥을 먹음으로써 소화에 꼭 필요한 세균을 얻는다.

그런데 개는 똥을 먹는 것으로 그 어떤 영양상의 유익함도 얻지 못한다는데, 정말일까? 아무도 완전히 확신할 수 없지만, 수의사들은 일부 개들이 오늘날 과도하게 정제된 사료로 인해 부족해진 소화계의 세균과 효소들의 균형을 맞추기 위해 똥을 먹는 것이라고 추측한다. 개가 딱딱하고 오래된 똥보다 세균이 풍부한 갓 배설된 똥만 주로 먹는다는 사실이 이 추측을 뒷받침한다. 식분증은 영양 부족을 시사하는 것일 수도 있지만 건강 상태가 완벽한 개들, 특히나 새끼 강아지에서도 드물지 않게 일어나는 증상이다. 식분증과 똥 위에 구르기는 모두 상호 모방 행동, 즉 개가 다른 개를 보고 배운 행동의 예들이다.

어미 개들은 새끼 강아지들의 똥 묻은 엉덩이를 핥고 가끔은 위생 목적으로 그 똥을 먹는데, 새끼 강아지들은 어미를 따라 하는 것일 수도 있다. 그래서 강력한 냄새에 호기심을 느끼는 개의 본능이 습관으로 자리 잡은 것일지 모른다. 반려견이 똥을 먹는 행동을 멈추게 하는 가장 좋은 방법은 여러분이 그 모습을 보는 즉시 온화하고, 단호하며, 그리고 일관되게 그 행동을 저지하는 것이다.

개는 왜 다리를 벌리고
뒤로 눕는 것을 좋아할까?

어떤 동물이 뒤로 누워 다리를 벌리고 대담하게 생식기를 드러낸 채 머리를 뒤로 돌리고, 턱은 치아가 드러나도록 벌리고 있는 것은 자신감을 드러내는 더할 나위 없이 훌륭한 표시다. 최고의 삶을 나타내는 궁극적인 표현인 셈이다. 그런데 나만 이런 행동을 하는 게 아니다. 개도 그렇다.

개와 고양이가 등을 대고 누워 잘 때면 몸에서 가장 취약한 부분을 노출하게 된다. 이런 자세는 언제나 확신, 안전, 안정, 그리고 위협이 없음을 몸소 느낄 때 취할 수 있는 자세이다. 그렇기 때문에 아마도 야생동물이나 야외에서 잠을 자는 개들에게는 거의 찾아볼 수 없는 자세일 것이다. 옆으로 구르며 배를 드러내는 것 역시 서열이 높은 개에 대한 서열이 낮은 개의 반응이라고 하기에는 직관에 위배되는 행동이다. 여러분은 서열이 낮은 개가 서열이 높은 개 앞에서 보일 수 있는 최악의 행동이 취약함을 내보이는 행동이라고 생각할 것이다. 하지만 이런 자세는 싸움을 피하는 방법이자 "나는 네 우세함에 도전하지 않는다"라고 말하는 방법이다. 서열이 낮은 개가 보이는 이런 형태의 반응은 대개 낮은 각도로 정신없이 꼬리 흔들기, 꼬리 말기, 그리고 긴장된 자세를 포함해서 불안의 다른 징후들을 동반하기 때문에, 일상적인 취침 자세

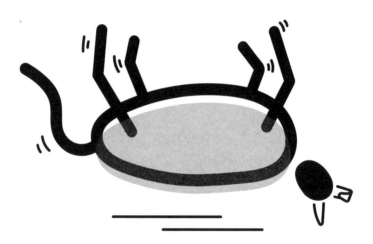

와는 다르다.

　뒤로 눕는 개에 관한 연구는 그리 많지 않지만, 이에 대한 꽤 많은 의견들이 존재한다. 보다 신빙성 있는 이론들은 체온 조절과 기지개와 관련이 있다. 개는 발을 통해서만 땀을 흘린다. 그래서 공중으로 뻗은 네 발은 더 신속한 기화 냉각을 가능하게 해 준다. 또한 개의 배에 난 털은 등에 난 털에 비해 상대적으로 숱이 적다. 따라서 배를 드러냄으로써 열이 식게 하는 것이다. 뒤로 눕는 것은 개의 근육을 이완하는 동작이기도 하다. 이 동작은 우리 인간이 적당한 스트레칭을 즐기는 것과 매우 흡사한 방식으로, 기분 좋은 이완감을 느끼게 하고 관절 통증을 줄여 준다.

4장

개의 행동에 관한
아주 이상한 과학

개는 죄책감을 느낄까?

전혀 그렇지 않다. 견주의 4분의 3 정도는 반려견이 죄책감을 느낀다고 믿고 절반 정도는 반려견이 창피함을 느낀다고 생각하지만, 반려견은 이 두 가지 감정 중 어느 쪽도 느끼는 것 같진 않다. 개는 행복감과 공포 같은 일차정서를 느끼고 마치 사람처럼 정서에 따른 반응으로 호르몬을 분비하는 것이 가능하다. 즉, 행복감을 느낄 때는 세로토닌과 도파민을 분비하고, 공포를 느낄 때는 아드레날린과 부신피질자극호르몬을 분비한다.

하지만 죄책감과 원한은 더 복잡한 이차정서이다. 이차정서는 '마음 이론(자신과 타인의 서로 다른 마음 상태를 이해하는 것)'을 필요로 한다. 몇몇 연구들이 인간을 속이고 다른 개들로부터 간식을 숨기고자 시도하는 개들에게서 이 마음 이론에 대한 기초적인 증거를 제시하기는 하지만, 그것이 죄책감을 느낄 만큼 충분히 발달된 능력 같지는 않다.

그렇다면 개는 우리를 짜증나게 하는 일을 저질렀을 때 왜 그렇게 죄책감을 느끼는 것처럼 보이는 걸까? 반려견이 카펫 위에 김이 모락모락 나는 똥을 눴거나 우리가 특별히 아끼는 신발을 갈기갈기 찢어 놓은 것을 발견하면, 녀석은 웅크리기, 꼬리 내려서 감추기, 귀 뒤로 젖히기, 고개 숙이기, 눈을 올려다보거나 반대로 피하기와 같이 우리가 죄책감으로 해석할 만한 시각적 신호들을 드러내 보인다. 하지만 녀석들은 죄책감을 느끼는 것처럼 보일 뿐이다. 우리는 모든 것을 인간의 잣대로 이해하려 하기 때문이다. 내가 사랑하는 어떤 동물이 잘못을 저지르고 난 후에 죄책감을 보여 줘야 마땅한 것이다. 마음 깊숙이 용서라는 힘든 작업을 빨리 해치울 수 있도록 개들이 죄책감을 느끼는 것처럼 보이길 바란다.

사실 '죄책감'의 징후들은 반려견이 공포를 느끼고 있다는 단순한 지표들이다. 이런 징후들은 우리의 어조와 몸짓 언어에 대한 반응으로 전략적으로 사용된다(개는 인간보다 목소리와 몸짓을 읽어 내는 데 훨씬 더 뛰어나다). 그것들은 아마 습득된 행동이기도 할 것이다. 과거 사건들을 통해 반려견은 죄 책감을 연기하고 공포에 떠는 모습을 보이면 덜 혼나거나 주 인의 짜증이 더 빨리 멈출 것이라고 기억하는 것이다. 2009 년, 동물행동학 전문 국제 과학 저널 〈행동과정(Behavioural Processes)〉에 게재된 흥미로운 연구 결과에 따르면, 간식을 먹 었다는 이유로 주인에게 혼이 난 개들은 간식을 먹었든 안 먹 었든 간에 죄책감을 느끼는 것처럼 보인다(연구진은 일부 견주 들에게 사실이 아닌데도 그들의 반려견이 간식을 먹으면서 버릇없이 굴 었다고 말했다).

질투는 또 약간 다르다. 2014년, 〈플로스 원(PLOS ONE)〉 에 실린 한 연구는 반려견 앞에서 견주들이 다른 개나 (봉제 강아지 인형이나 책과 같은) 무생물인 사물에게 애정을 표현하고 있는 것 같은 상황을 만들었다. 연구진은 반려견들이 달려들 어 물기, 주인과 사물 사이 끼어들기, 그리고 사물 말고 다른 개가 실험에 투입되었을 때 주인에게 물리적으로 접촉하기와 같은 질투 어린 행동을 보인다는 것을 확인했다. 〈미국국립과 학원회보〉에 게재된 2008년도 한 연구 결과에 따르면, 개들 이 아무것도 얻은 것이 없는 상태에서 다른 개들이 행동에 대해 먹이로 보상받는 모습을 보았을 때, 연구진에게 협조하던 것을 멈추었다. 여기에는 수많은 이유가 있을지도 모르겠으나, 이 결과는 개들이 원시적 형태의 기능적인 질투심을 느끼며, 공평함에 대한 감각이 개들에게 중요함을 암시한다. 그도 그럴 것이, 개는 하나의 무리를 이루어 조화롭게 살면서 협력해야 했던, 집단으로 사냥하는 동물들의 후손이기 때문이다.

전설의 개들

우주 개 라이카

* 주의: 이 이야기는 해피엔딩이 아님.

모스크바에 사는 유기견들은 극심한 추위와 배고픔을 견뎌
내야 한다. 이것이 1957년 11월에 러시아 과학자들이 처음
에는 쿠드럅카('곱슬머리 아이'라는 뜻)로, 나중에는 라이카
('짖는 자'라는 뜻)라 불렀던, 순한 (하지만 시끄러운) 떠돌이
잡종견을 택한 이유였다. 이 개는 지구 궤도를 돈 최초의
동물이 되었다. 하지만 스푸트니크 2호를 타고 한 이 여행
은 어떤 경우에든 좋지 않은 결말이 예정되어 있었다. 라이
카를 살아 있는 상태로 귀환시킬 계획이 없었기 때문이다.
발사 직후 이 사실이 발표되었고, 이는 일부 참관인들의 공
분을 샀다. 처음에 소련 정부는 산소가 고갈되기 전에 라
이카가 이미 안락사된 상태였다고 주장했다. 하지만 2002
년, 발사되는 동안 이미 라이카의 맥박수가 3배가 되었으
며 호흡률은 4배에 달했다는 사실이 밝혀졌다. 지구 궤도
에 살아 있는 상태로 도달했어도, 라이카는 5시간에서 7시
간 내로 과호흡과 스트레스로 죽었을 것이다. 소련 정부는
1951~1966년 동안 71차례의 비행으로 개들을 우주로 쏘아
올렸으며, 그중 17마리가 죽은 것으로 알려졌다. 1997년,
러시아의 스타시티에는 라이카와 우주 비행사 모두를 기리
기 위한 기념비가 공개되었다.

개는 왜 꼬리를 흔들까?

뻔하지 않은가? 개가 꼬리를 흔들면 행복한 것이다. 하지만 꼬리 흔들기에는 그것보다 훨씬 더 흥미로운 의미가 있다. 그 단서는 강아지들이 태어날 때부터 완벽하게 꼬리를 흔들기가 가능하지만 생후 약 6~7주가 되어서야 꼬리를 흔든다는 사실에 있다. 바로 이때가 강아지들이 사회적으로 상호작용을 시작하는 시기이다.

원래 꼬리는 몸의 균형을 잡는 데 도움이 되도록 진화했다고 여겨진다. 개는 좁은 표면 위를 걸을 때 몸체 기울임을 보정하기 위해 한쪽에서 다른 쪽으로 꼬리를 흔든다. 또한 꼬리는 개가 높은 속력으로 뛰다가 갑자기 방향을 전환할 때 도움이 된다. 개가 몸을 가누지 못하고 휘청거리는 것을 막기 위한 평형추와 같은 역할을 하는 것이다. 꼬리의 이런 기능은 사냥할 때 특히나 유용했을 것이다.

하지만 움직이지 않는 꼬리는 물리적으로 전혀 중요한 역할을 하지 않으므로, 꼬리는 의사소통 수단으로 선택되어 진화되었다. 개는 (고양이와는 달리) 무리를 이루어 함께 사는 사회적 동물이기에 공격자들을 막아 내는 것을 돕고, 가능한 한 갈등 없이 함께 사냥하고, 생활하고, 번식하고, 그리고 새끼들을 함께 기르기 위한 다양한 의사소통 신호들을 갖추는 것이

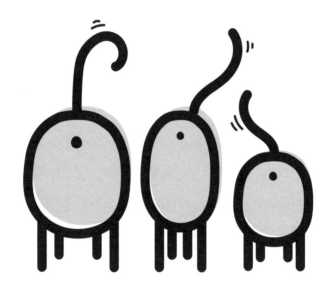

무척 중요하다. 앞서 언급했듯이, 강아지들은 처음으로 상호작용하기 시작하면 우선 꼬리부터 흔든다. 강아지들은 흔히 먹이를 먹을 때에도, 설령 몇 분 전에 싸움 놀이를 하던 중이었다 하더라도 편안하다는 표시로 꼬리를 흔든다.

꼬리 흔들기는 행복감을 암시할 수도 있지만 공포, 싸움 걸기, 혹은 더 안 좋은 상황을 뜻하는 것일 수도 있다. 꼬리 흔들기는 개가 인간보다 더 능숙하게 파악할 수 있는 복합적인 신호의 일부이다. 평소의 꼬리 높이를 기준으로, 꼬리를 흔들 때의 높이 변화로(정지 상태인 꼬리의 높이는 견종에 따라 매우 다양할 수 있다) 고도의 표현이 가능하다. 중간 높이의 흔들기는 개가 긴장을 풀고 있다는 표시이고, 낮게 꼬리 흔들기

제일 긴 꼬리

기네스북에 따르면, 이제까지 기록된 개의 가장 긴 꼬리는 76.7㎝로 측정되었으며, 이 꼬리의 주인공은 벨기에 웨스텔로 출신의 아이리시 세터 종인 케온이었다.

는 복종을 표시하지만, 수직으로 세워진 꼬리는 지배의 신호이다. 그리고 만약 폭이 좁고 빠른 움직임으로 꼬리를 흔들고 있다면, 이는 아마 공격이 임박했다는 신호일 것이다.

왼쪽 또는 오른쪽으로 흔드는 꼬리는 무슨 뜻일까?

개는 기분에 따라 왼쪽이나 오른쪽에 더 치우쳐서 꼬리를 흔든다. 의학 전문 학술지 〈커런트 바이올로지(Current Biology)〉에 발표된 한 연구 논문 속 실험에서, 각각 다른 30마리의 반려견들에게 견주, 낯선 사람, 고양이, 그리고 낯설고 서열이 높은 개, 이렇게 네 가지 항목들을 보여 주었다. 개들이 주인을 보았을 때는 꼬리 흔들기가 격렬했고, 오른쪽으로 더 치우쳤다. 반면 낯선 사람을 보자 개들은 적당한 세기로 오른쪽으로 꼬리를 흔들었다. 고양이에게는 천천히 그리고 오른쪽으로 자제하며 꼬리를 흔들었다. 그런데 낯설고 공격적인 개를 향해서는 왼쪽으로 꼬리를 흔들었다.

개는 무엇인가에 대해 긍정적으로 느낄 때 꼬리를 더 오른쪽으로 흔들고, 부정적으로 느낄 때 더 왼쪽으로 흔드는 듯하다. 이런 치우침은 아마 순전히 개들이 의사소통하는 데 도움이 되도록 진화된 방향 신호일지도 모른다. 오른쪽으로 흔들리는 꼬리는 지나가는 다른 개들의 긴장을 풀어 주기 위한 것으로 드러난 한편, 왼쪽으로 흔들리는 꼬리는 지나가는 개들을 압박하는 신호 같다.

하지만 그 방향 신호는 뇌의 좌반구와 우반구 조절이 각기 다른 개의 뇌 기능 때문이라는 설이 제기되기도 했다. 예를 들어 왼쪽으로 꼬리가 흔들릴 때, 꼬리는 주로 우반구의 지배를 받는다는 것이다. 그런데 뇌의 우반구는 공포와 공격성 같은 극심한 감정들과 그로 인한 회피(부정적인 반응들)를

꼬리 흔들기는 이해하기 어려워

꼬리 흔들기는 특정 맥락에 따라 의미가 달라진다. 그러므로 오해하지 않게 조심해야 한다. 이것이 개가 기쁘다거나 궁금해 하는 상태일 수도 있겠지만, 곧 공격하겠다는 뜻일 수도 있다.

관장하고 표출한다. 오른쪽으로 꼬리가 흔들릴 때 꼬리는 좌반구의 지배를 받는데, 좌반구는 더 긍정적인 감정들을 관장한다.

다른 논문들은 개가 위협적인 자극에 대한 반응으로 머리를 왼쪽으로 돌리는 경향이 있으며, 두꺼비와 말을 포함해서 많은 동물들이 오른쪽보다는 왼쪽에서 잠재적 위협 요인을 발견할 때 더 강한 회피 반응을 보인다는 것을 밝혀냈다. 소리에 대한 개의 반응에도 이와 똑같은 결과가 적용된다. 무서운 천둥·번개 소리에 개들은 왼쪽으로 머리를 돌렸지만, 익숙한 개 짖는 소리에는 고개를 오른쪽으로 돌렸다는 사실이 연구로 밝혀졌다.

전설의 개들

래시

1940년, 영국의 소설가 에릭 나이트는 《래시 컴 홈(Lassie Come-Home)》이라는 소설을 출간했는데, 이 책은 1943년에 영화사 MGM의 흥행 영화가 되었다(불행히도 같은 해, 나이트 씨는 남아메리카에서 항공기 사고로 숨졌다). 소설에 등장한 개 래시는 도와줄 사람을 데리러 달려가고, 사람들을 위험으로부터 멀리 이끌어내며, 길 잃은 동물들을 집으로 돌려보내는 것으로 유명했다. 래시는 많은 영화와 TV 드라마에서 큰 사랑을 받는 단골 캐릭터가 되었다. 그중에서 CBS 드라마 〈래시〉는 수많은 다른 러프 콜리 견종들이 주인공 역할을 맡아 가며, 정말 놀랍게도 1954년부터 1973년까지 591회가 방영되었다. 최초의 래시는 팰이라 불리는 수컷 러프 콜리 견종으로, (소설 속 래시는 암컷이었지만) 초반에 6편의 영화와 2편의 TV 파일럿 드라마에 출연하였다. 녀석의 수많은 후계자들은 이어지는 영화와 드라마에서 계속 같은 캐릭터를 연기했다.

개는 얼마나 영리할까?

고양이와 대조적으로, 개는 굉장히 연구하기 쉽다는 단순한 이유로 개의 행동에 대한 방대한 양의 과학적 연구가 이루어 졌다. 개들은 고분고분하고, 먹이 보상을 지향하며, 인간의 비 위를 맞추는 것을 즐기며, 연구 환경에 대한 적응력이 뛰어나 다. 과학자들은 개의 뇌를 연구할 때, 시끄럽기로 소문난 MRI 스캐너 속에서도 개들을 명령에 따르게 할 수 있다. 고양이 를 데리고 그렇게 해 보아라. 큰코다칠 것이다. 매우 지능이 높 다는 평판에도 개는 비교적 작은 뇌를 갖고 있다. 일부 견종은 약 레몬 크기의 뇌를 가졌다. 그리고 사실 많은 과제에 있어서 다른 동물들만큼 잘 수행해 내는 편은 아니다.

대부분의 동물 인지 연구가들은 개와 인간을 (혹은 고래나 개미는 말할 것도 없이) 비교하는 것은 적절하지 않다고 말한다.

개들은 최근에 가축화된 갯과로서 무리 지어 사는 포식성 맹수인 자신들의 생존을 보장하는 데 필요한 만큼만 영리하다. 마찬가지로 고래의 지적 물리적 능력은 물속 환경, 먹이 원천, 그리고 포식자에 특화되어 있다. 한편, 개미는 복잡한 사회 속에 살고 있다. 개미가 인간과 똑같은 지능, 욕구, 그리고 개성을 갖췄더라면 그 사회는 제대로 기능하지 않았을 것이다.

뇌 크기 자체는 지능을 판별하는 데 특별히 좋은 표지는 아니다. 고래의 뇌는 최대 9kg까지 나가는 반면, 사막 개미의 뇌는 0.00028g이니 말이다. 하지만 몸 크기에 비례한 뇌 크기는 중요하다. 이런 관점에서 개의 비율은 1:125로 인간의 1:50과 말의 1:600과 비교해서 매우 훌륭하다. 그렇긴 하지만 기억, 자아 인식, 그리고 수리적, 감각적, 공간적, 사회적, 물리적 인지(물리적 세계에 대한 이해)와 같은 영역에서 몇 가지 유용한 비교를 해 볼 수도 있다.

개는 약 165개의 단어와 명령어를 기억하고, (상위 20%의 명석한 개들은 단어를 250개까지 배울 수 있다) 4 혹은 5까지 수를 세며, 보상을 얻기 위해 인간과 다른 개를 속일 수도 있다고 알려져 있다. 후자는 개가 기초적인 마음 이론을 지니고 있다는 의미에서 특히나 중요하다(앞서 언급했듯이, 마음 이론은 다양한 마음 상태를 자신과 타인에게 부여할 수 있는 능력이다). 개는 월등하게 인간의 몸짓과 표정을 읽는 데 능숙하고 인간이 손가락으로 가리키는 대상을 따라갈 수도 있다(이는 고양이, 코끼리, 바다표범, 페럿, 그리고 말도 어느 정도까지 가능하긴 하다). 이러한 능력은 특별한 의미를 지닌다. 종의 개념을 초월하여 개념적 정보를 공유한다는 뜻이기 때문이다(개는 함께하고 싶어 하는 것에 우리가 흥미로워 한다는 것을 이해한다). 아마도 이것이 마음 이론에 대해 그토록 많은 과학적 연구가 수행되어 왔던 이유일지 모른다. 게다가 포인터 견종은 우리의 호의에 보답한다. 부동 자세로 서서 한 발을 들고 주둥이로 우리가 자세히 살펴봐 주길 바라는 쪽을 가리키며, 우리가 사냥감 같은 흥미로운 대상을 발견하는 데 도움을 주는 것이다.

한 가지 흥미를 끄는 개의 정교한 면모는 지적 불복종이다. 주인의 명령을 거부해야 하는 안내견의 특별한 능력이 그 예다. 이는 주인에게 순종하기 위해 개가 후천적으로 습득한 행동에 위배되는 것이다. 지적 불복종은 훨씬 더 복잡해진다. 만약 앞쪽으로 계단이 이어이 있어서 개가 움직이기를 기부한다면, 주인이 거기에 계단이 있다는 것을 이해했음을 드러내는 코드어(a code word)를 구사하여 개의 거부를 무시할 수 있다. 하지만 주인이 계단이 아니라 차도와 인도 사이의 연석에 다가가고 있다고 생각해서 잘못된 코드어를 구사한다면, 개는 계속해서 움직이기를 거부할 것이다. 그 개는 오로지 상황에 부합되는 코드어를 들을 때만 주인이 앞으로 나아가게 놔둘 것이다. 또한 개가 절벽 혹은 낭떠러지와 같은 위험을 감지하면 앞으로 나아가기를 일절 거절할 것이다. 예일 대학교의 한 연구가 밝혀낸 사실에 의하면, 개는 잘못된 지시를 무시하는 것에 있어서 서너 살 아이들보다 훨씬 더 능숙했다.

암캐 역시 (흥미롭게도 수캐는 아니다) 대상 영속성을 이해한다. 이는 대상이 다른 어떤 것으로 바뀔 수 없으며, 대상이 눈에 보이지 않으면 그 대상이 반드시 증발해서 사라진 것이 아니라는 개념이다. 이것은 인간 역시 오랜 시간에 걸쳐 습득한 개념이다. 개는 어느 정도의 시간 감각도 갖고 있다. 주인이 집에 돌아올 것 같은 때를 기대하는 것 말이다.

개는 개와 인간의 감정을 둘 다 인식할 수 있다. 개는 일부 문제를 해결하기 위해 인간을 이용하며, (이런 행동은 지능적 아니면 지능 부족 중 어느 한쪽을 암시하는 것일 수 있다!) 일화기억(일상적 경험의 기억)을 지닌다. 라이프치히에 있는 막스플랑크 진화인류학 연구소에서 연구한 보더콜리 종인 리코는 200개의 사물 이름을 알고 있었으며 배제 과정을 통해 새로운 물건의 이름을 추론함으로써 빠른 연결(fast map, 새 단어의 뜻에 대해 신속하게 가설을 세울 수 있는 것)이 가능했다. 즉, 이전에 본 적 없던 새 물건을 보여 준 다음, 들어 본 적 없었던 새 이름으로 그 물건에 대해 물을 때, 이름을 알고 있는 물건을 배제시키다 보면 새 이름과 새 물건이 일치하게 된다. 아마도 개는 물건들을 특정한 사람들에게 가져다줄 수도 있을 것이다. 여러분에게 대단치 않게 들릴 수도 있지만, 이것은 약 3살가량의 인간만이 성취할 수 있는 작업이다.

부정적인 시각에서 살펴보자면, 〈학습과 행동(Learning and Behavior)〉에 발표된 2018년도 한 연구는 침팬지, 돌고래, 말, 그리고 비둘기와 비교하여 "개의 인지 능력이 특출하지 않아 보인다"는 결론을 내렸다. 개의 지각적 그리고 감각적 인식은 훌륭하지만, 수많은 다른 종들과 비슷한 정도일 뿐이다. 개의 공간 인지 역시 좋긴 하지만 특출하지 않으며, 개이 들리 떡

인지는 일부 다른 종들의 인지에 비하면 빛날 정도는 아니다. 개의 사회적 인지는 탁월하지만 침팬지가 속임수와 공감을 표시할 가능성이 더 크며, 침팬지와 돌고래 두 부류는 자의식 테스트를 훨씬 더 잘 치렀다. 비둘기의 패턴 인식 능력과 귀소 능력은 개를 훨씬 능가하고, 침팬지는 도구를 사용할 수도 있고, 너구리는 끈 당기기 수행과제를 더 잘 해내며, 양은 아마도 얼굴 인식에 더 능할 것이다. 하지만 낙담할 필요는 없다. 개가 특정 영역에서 다른 동물들을 꼭 능가하는 것은 아니지만, 다른 수많은 지능 범주 전반에 걸쳐 일관되게 기능을 잘 수행한다. 또한 최근 가축화되어 무리 지어 사는 포식성 맹수라는 자신의 본분에 관해서는 매우 영리함을 보인다. 이 정도면 충분하지 않은가?

우리 집 개는 나를 사랑할까
(혹은 필요로 할까)?

물론 우리 모두는 반려견이 우리를 사랑한다고 생각한다. 내 반려견도 나를 보면 항상 반기고, 나와 함께 많은 시간을 보내며, 나와 놀고 싶은 생각이 간절하고, 인사할 때 꼬리를 흔들며 내 얼굴을 핥는다. 하지만 관심, 빵 한 입, 혹은 공놀이와 같이 개는 오직 자신이 원하는 것을 얻기 위해서 이런 행동을 하는 걸까? 이것의 진상을 밝히려면 우리는 말로 표현하기 힘든, 이를테면 부드럽고 보송보송한 '사랑'이라는 개념은 제쳐 두고 정서를 낱낱이 파헤쳐야 한다(아울러 거기 계신 모든 로맨티스트 여러분께 사과드린다). 이때 사랑은 생화학과 관련된 것일 뿐이다.

우리는 사랑이라는 개념을 각각 다른 호르몬(분비샘에 의해 체내에서 합성되는, 활동과 행동에 영향을 주는 화학물질)들로 드핑을 지어 세 가지 기본적인 생화학적 시스템으로 구분할 수 있다. 첫 번째 시스템은 (인간과 개 사이의 사랑에 실제 적용되지는 않지만 흥미롭기는 하다) 성적인 매력이며, 이때에는 테스토스테론과 에스트로겐 호르몬이 분비된다. 두 호르몬 모두 각 생물 종의 번식 주기에서 필수적인 부분이다.

두 번째 시스템은 반려동물에 대한 사랑, 즉 친화력에 있어서 훨씬 더 중요한 시스템이다. 여기에 관련된 화학 물질은 도파민(우리에게 즐거움을 느끼게 해 주는 호르몬이자 신경 전달 물질), 세로토닌(많은 사람들이 '행복 화학 물질'이라 부르지만 기분 안정제로, 더 생소하게는 혈액 응고 인자로 부르는 게 바람직할지도 모르는 복잡한 신경 전달 물질), 그리고 노르에피네프린(흥분과 각성 상태를 높이는 호르몬)이다. 우리가 개와 상호 작용할 때, 개와 우리 모두에게서 이 호르몬들의 수치가 변한다.

세 번째 생화학적인 사랑 시스템은 애착이며, 이때에도 더 큰 생화학적 변화가 생긴다. 견주가 반려견과 접촉할 때의 호르몬 수치는 인간과의 애착에서 나타나는 호르몬 수치와 아주 흡사하다. 옥시토신 수치가 5배가 되며, 엔도르핀과 도파민 수치는 2배가 된다(재미있는 사실은 개와 주인이 서로 눈을 바라볼 때도 이런 현상이 일어난다는 것이다). 이 수치들은 유대감, 즐거움, 그리고 기쁨과 연관된다.

개가 느끼는 사랑에 대한 다른 증거가 있다. 신경과학자 그레고리 번즈 박사가 실행한 놀라운 연구는 기능성 자기공명영상(fMRI) 검사를 이용하여 (이 검사법은 혈류의 변화를 감지하여 뇌의 활동성을 측정한다) 친숙한 사람들만이 개의 미상핵(긍정적인 기대와 연관된 뇌 부위)의 활동성을 활성화시켰으며, 반대로 낯선 사람들에게는 활성화시키지 않았음을 증명했다.

문제는, 개와 인간이 사랑이라는 동일한 생화학적 기반을 갖고 있다는 사실을 우리가 알고 있더라도, 개는 자신들의 겪는 사랑의 경험이 우리의 체험과 동일한지를 말해 줄 수가 없

개는 복합적인 감정을 느끼지 않는다

개는 초보적인 수준의 자의식이 있지만 죄책감을 느끼지 않는다. 그렇지만 다른 개들을 상대로 공감할 수 있을 뿐만 아니라 질투를 느낄 수도 있다.

다는 것이다. 하지만 이러한 인간과 개의 생리적 반응이 개와 개 사이의 반응보다 더 강하다는 사실은 주목할 만하다. 물론 개들이 사랑, 행복감 혹은 기쁨을 인간들이 느끼는 것보다 더 강렬하게 느낄지도 모른다는 약간의 가능성 역시 존재한다. 오히려 이런 미미한 가능성은 생화학적인 것들이 사랑이라는 감정을 앗아가 버렸다는 기분이 드는 사람들에게 약간의 심리적 가능성을 열어 줄 수도 있다.

영리한 개

개는 약 2살 아이만큼의 지능을 갖고 있다. 평균적인 개는 약 165개의 단어와 몸짓을 이해할 수 있다.

개는 무슨 생각을 하고 있을까?

개가 생각하는 방식을 이해하기란 어렵다. 녀석들이 우리에게 말하는 것들은 쓸데없기 때문이다. 사실 우리 역시 같은 인간 친구들이 무슨 생각을 하고 있는지 알아차리기 어려울 때도 있다. 언어, 예술, 음악, 드라마, 그리고 춤과 같이 우리를 돕는 복잡한 의사소통 수단을 갖추고 있어도 말이다. 어떤 사람은 다른 사람에 대한 사랑, 죄책감, 혹은 믿음을 다른 방식으로 느낄지도 모른다. 어떤 개가 우리에 대해 기쁨을 느끼지만 그 방식이 우리와 다른 것처럼.

그런데 개의 생각을 이해하기 위해서 그 내부를 자세히 살펴볼 수도 있다. 개들의 마음을 이해하기 위한 시도로, 신경과학자 그레고리 번즈 박사와 그의 연구팀은 개의 뇌를 검사할 수 있도록 기능성 자기공명영상(fMRI) 검사기에 개가 자발적으로 올라타도록 훈련시켰다. 그리고《개가 된다는 건 어떤 기분일까(What It's Like to Be a Dog)》라는 훌륭한 책에 그 검사 결과들을 설명해 놓았다. 그는 개와 인간의 뇌가 (그리고 모든 포유동물의 뇌가) 기능하는 방식에 놀랄 정도로 유사점이 있음을 알아냈다. 번즈 박사는 우리 인간은 많은 신경 처리 과정을 공통적으로 갖고 있기 때문에 비슷한 주관적 경험을 할 가능성이 있다고 추론했다. 또한 그는 각각의 개들이 동일한 경험에 대해 서로 다른 신경 반응을 보이기 때문에, 개는 신경학적 관점에서 개별 성향을 갖고 있는 것 같다는 결론을 내렸다. 견주들은 이 결론이 당연하다고 생각할지도 모르겠다. 하지만 이는 동물 행동학자들이 공식화하기 꺼리는 부분이다.

그래서 개는 인간에게 공감을 할까? 개는 우리의 감정을 함께 나눌 수 있을까? 국제 학술지 〈동물 인지(Animal Cognition)〉에 발표된 2011년도 한 연구 결과에 따르면, 울고 있는 낯선 사람이 보일 때 개들은 그들의 주인보다는 그 낯선이의 냄새를 맡고, 코를 비비고, 그를 핥았다. 연구진은 개가 인간을 향해 감정 이입된 행동을 표현한다는 결론을 내렸다.

하지만 엄밀히 과학적 측면에서, 이 결과는 학습된 행동과 결부된 '정서 전이'로도 해석될 수 있다. 즉 진정한 공감을 표출하는 것이 아니라, '괴로워하는 인간 친구에게 다가갔더니 보상을 받은 적이 있었다'는 사실을 반영한 것일 수 있다는 것이다.

개가 우리 인간에게 강한 애정을 느끼는 것은 사실이다. 어떤 연구는 개가 다른 개보다 사람에게 더 관심이 있다고 증명하기까지 한다. 우리는 이를 당연시하기 쉽다. 한 생물 종이 다른 생물 종과 함께 놀이를 하고 공감한다는 것이 얼마나 이례적인 일인지 잊어버리기 때문이다. 〈커런트 바이올로지(Current Biology)〉에 발표된 2015년도 한 연구에서는 기능성 자기공명영상(fMRI)을 이용해 개의 뇌를 검사한 결과, 개들이 낯선 인간들이 짓는 행복하고, 슬프고, 분노하고, 혹은 공포에 떠는 표정들 간의 차이점을 인식할 수 있음을 증명했다.

이것 자체만으로는 개가 우리처럼 생각한다는 것을 증명할 수는 없다. 다만 호기심을 자극하는 단서들은 존재한다. 개는 주인을 도와주는 행동을 하는 사람들을 더 좋아하며, 개의 뇌가 인간과 동일한 방식으로 웃는 소리와 짖는 소리에 반응한다는 증거가 있다. 또한 개가 우리 인간과 정서를 공유한다는 증거도 있다. 하지만 개의 감정 이입에 관한 연구 중 내가 제일 좋아하는 연구 결과는 이탈리아 나폴리 프리드리히 2세 대학교의 비아지오 다니엘로 교수로부터 나온 것이다. 그는 개들이 우리의 땀을 근거로 정서 상태를 알아낼 수 있으며, 이를 바탕으로 개들이 우리와 동일한 정서를 공유할 수 있음을 밝혀냈다. 맞는 말이다!

개는 어떤 때에 하품을 할까?

사람이 하품을 하는 이유를 확실하게 아는 사람은 없다. 하지만 우리는 하품이 피곤함과 지루함 그리고 스트레스와도 관련 있다고 알고 있으며, 전염성이 있다는 것도 알고 있다. 우리는 학교에서 남몰래 하품 경쟁을 하곤 한다. 선생님마저 하품하도록 만드는 데 성공할 때까지 모든 학생들이 최대한 과장되게 하품을 하는 것이다. 학창 시절의 즐거운 추억이다. 개와는 상관없지만 말이다.

개는 이따금씩 피곤해서 하품을 하기도 하지만 스트레스와 불안 때문인 경우가 더 많다. 내 반려견 블루는 바로 산책을 나갈 줄 알았는데 내가 커피를 타고, 부츠 끈을 묶고, 또 없으면 안 될 몇 가지 개 산책 도구들(휴대용 머그잔, 책, 테니스공(2개), 헤드폰, 배변 봉투, 열쇠, 정신머리…)을 챙기느니 끝없이 집안을 들락거리며 녀석을 실망시킬 때 연거푸 하품을 한다. 블루가 하품을 한 번 할 때마다 나는 당황한 나머지 서두르다가 더 많은 것을 까먹는 효과를 낳는다. 가여운 녀석.

개 훈련사들은 훈련을 잘하지 못하는 개들이 자주 하품을 한다고 말한다. 한편 전문적인 도그워커(dog walker, 주인 대신 개를 산책시키는 사람-옮긴이)들은 하품은 흔히 공격적인 개에 대한 소극적인 개의 반응이라고 말한다. 또한 하품은 늑대의 무리와 개의 무리 내부에서도 전염성이 있다. 특히나 스트레스를 받고 있을 때 그렇다. 하지만 하품에 대한 가장 재미있는 사실은 인간과 개 사이에도 하품이 전염된다는 것이다. 도쿄 대학교의 연구진은 하품을 한 사람이 개와 친숙할 때, 개가 사람의 하품에 똑같이 반응할 가능성이 더 높다는 것을 알아냈다. 그들은 "개들에게 전염성 있는 하품은 인간들과 비슷한 방식으로 정서적으로 연결되어 있다"고 밝히며 하품의 전염이 곧 공감의 표현이라는 결론을 내렸다.

개는 헷갈릴 때
왜 머리를 갸우뚱할까?

많은 개들은 주인이 말을 하면 한쪽으로 머리를 기울인다. 내 반려견은 내가 무슨 말을 하고 있는지 잘 이해하지 못할 때 이렇게 한다. 나는 일부러 녀석에게 이해할 수 없는 난해한 말들을 하기도 한다. 그러면 정확히 녀석이 고개를 갸우뚱할 것이기 때문이다. 어찌나 귀여운지!

개들이 왜 고개를 갸우뚱하는지에 관한 연구는 거의 없으며 명확한 답도 없다. 그야말로 우리는 엉터리 소리가 난무하고 전문가의 식견이 전무한 불모지에 남겨진 상태이다. 그러므로 여기에서는 생소한 견해들 중 일부를 간추려 설명하겠다.

수많은 수의사들은 개가 헷갈릴 때 머리를 갸우뚱한다고 생각한다. 이런 동작은 특별히 개가 소리의 진원지를 파악하려고 노력 중일 때나 다른 청각적 문제 해결과 관련 있는 물리적 움직임이기 때문이다. 이런 견해는 비교적 설득력 있는 이론이다. 개는 정말로 이해되지 않는 말에 대한 반응으로 머리를 한쪽으로 기울이는 듯하기 때문이다. 이 견해의 문제점은 고개 기울이기로는 우리가 말하고 있는 것에 대한 개들의 이해도에 그 어떤 변화도 주지 못한다는 점이다. 그렇긴 하지만, 개들은 진화상 특이점들을 많이 지니고 있다. 그것들은 쓸모없긴 하지만 부정적인 영향을 주지는 않는다.

개의 행동과 인지에 관한 다수의 책을 저술한 심리학자 스탠리 코렌은 개의 주둥이가 시력에 방해가 되기 때문에 머리를 기울이는 행동은 개로 하여금 우리의 얼굴, 그리고 특히나 입 모양을 더 잘 볼 수 있게 한다고 생각한다. 반면 스티븐 R. 린제이의 《강아지 동작과 교육의 응용 편람(Handbook of Applied Dog Behaviour and Training)》에서는 개의 가운데 귀 근육이 표정과 머리의 움직임을 관장하는 뇌 부위와 같은 부위에 의해 조절되어서, 개가 고개를 갸우뚱하는 동안 우리가 하고 있는 말을 파악하기 위해 그리고 자신들이 듣고 있다고 우리에게 알리기 위해 노력 중이라고 추론했다.

고개를 갸우뚱하는 것이 학습된 행동이라는 더욱 단순한 이론이 더 설득력 있을지도 모른다. 개들은 고개를 갸우뚱하는 녀석들을 보는 우리의 긍정적인 반응을 단순히 즐기는 것인지도 모른다.

그 '우다다'는 대체 뭘까?

개는 그야말로 제정신이 아닌 것 같은 때가 있다. 와일 E. 코요테(애니메이션 영화 〈루니 툰(Looney Tunes)〉에 나오는 코요테의 이름-옮긴이)처럼 다리를 전속력으로 놀리며 이 방 저 방을 뛰어다니고 온갖 가구를 오르락내리락하며, 가끔 제 꼬리를 쫓거나 원을 그리며 뛰어다닐 때도 있다. 내 반려견의 이러한 '우다다', 즉 주미스(zoomies)는 목욕하기 전에 발동이 걸리는데, 녀석은 이 행동을 맘껏 즐기는 듯하다. 이 이상한 에너지 폭발은 유사 과학적 용어로 프랩(FRAPs, Frenetic Random Activity Periods), 즉 마구잡이로 미친 듯이 활동하는 시간으로 알려져 있으며 이에 대해서 밝혀진 것은 거의 없다. 이 행동은 개에게서 아주 흔하게 관찰되며 고양이에게도 관찰된다고 알려져 있다.

우다다에 대한 어떤 명백한 자료가 없는 상황에서 우리는 여러 신문, 잡지, 블로그들과 그 밖에 다른 다양한 사람들에 의해 휘둘리기 쉽다. 물론 훌륭하고 진심 어린 견해들일 터이며, 어쩌면 그중 한두 개는 타당할 것이다. 하지만 견해는 사실의 대체물이 될 수 없다. 그렇더라도 여기에 몇 가지 견해들을 소개한다.

1. 우다다는 어떤 신경계의 문제와 연관되어 보이지는 않으며, 오히려 개에게 유익할지도 모른다. 뛰어가서 식기 세척기에 곤두박질치지만 않는다면 말이다.

2. 우다다 중인 개를 뒤쫓지 말길 바란다. 녀석들은 몹시 흥분해서 기민함이 떨어진 상태이다. 그래서 결국 식기 세척기에 곤두박질치고 말지도 모른다.

3. 우다다는 주로 개가 먹고, 씻고, 혹은 산책한 직후뿐만 아니라 잠자기 전에도 목격된다.

4. 우다다는 강아지와 더 어린 새끼 강아지들에게서 더 흔하게 관찰된다.

5. 누구도 이 행동을 연구한 적이 없는 까닭은 우다다가 개ㅣㅏ 견

주에게 어떤 문제도 일으키는 것 같지 않으므로 연구에 돈과 시간을 들일 가치가 없기 때문이다.

6. 우다다의 다른 이름으로는 '악마 강아지(puppy demons)', '허클버팅(hucklebutting)', 그리고 '플래핑(frapping)'이 있다. 이런 별칭들은 모두 적절하지 않다. 이것들은 모두 우다다, 즉 주미스이다. 끝.

개는 더 빠르게 산다

개는 우리 인간보다 더 빠르게 산다. 개는 체온, 혈압, 그리고 심박 수와 호흡수가 더 높다.

개는 꿈을 꿀까?

만약 그렇다면, 어떤 꿈을 꿀까? 개는 아마 여러분이 상상하는 것만큼 많이 잠을 자지는 않을 것이다. 어떤 연구 결과에 의하면, 포인터 견종은 하루의 44%는 경계 태세로, 21%는 졸린 상태로, 그리고 12%는 렘(급속안구운동)수면 상태로, 그리고 23%는 깊은 서파수면(느린파형수면)으로 보낸다.

개가 꿈을 꾸는지의 여부를 확실하게 아는 것은 불가능하다. 녀석들은 우리에게 말로 표현하는 것에 형편없기 때문이다. 하지만 모든 신경학적 증거는 개가 꿈을 꾼다고 시사하고 있다. 개가 잠들어 있을 때 개의 뇌는 인간의 경우와 유사한 파형 패턴과 활동을 보이고 유사한 수면 단계들을 거친다. 여기에는 불규칙적인 호흡 패턴과 깜박거리는 눈꺼풀을 포함한 렘수면이 포함된다. 이때 개가 꿈을 꾸는 깃임이 서의 분명하다. 인간이 렘수면 동안 깨어 있는 상태를 흔히 꿈을 꾸는 중이라고 말한다. 렘수면 단계의 특징들을 보이는 동시에 내 반려견 블루는 가끔 우르릉, 그르렁, 그리고 낑낑거릴 것이다(내가 녀석을 조용히 시키려고 불러 볼 테지만, 그래서 효과가 있을지 없을지는 그 누구도 장담할 수 없다). 그리고 녀석의 다리가 씰룩거릴 텐데, 그러면 나는 녀석이 분명히 다람쥐를 쫓는 꿈을 꾸고 있을 거라는 생각이 든다. 녀석은 다람쥐를 쫓는 것을 정말 좋아한다.

개는 어떤 꿈을 꿀까? 인간의 꿈과 비교해 보자면 개는 낮 동안 일어났던 일들을 기억하거나, 일상적인 활동을 다시 수행하고 있는 것처럼 보인다. 산책하기, 집 지키기, 다람쥐 쫓기, 달리기, 공 훔치기, 다람쥐 쫓기, 가족 챙기기, 다람쥐 쫓기, 다람쥐 쫓기, 다람쥐 쫓기 그리고 또 다람쥐 쫓기와 같은 일들 말이다.

파블로프가
의미하는 것은 무엇일까?

사람들은 '파블로프 반응'이라는 말을 단순히 먹이가 아니라 소리 자체에 반응하여 침을 흘리도록 개를 가르치기 위해서 소리와 먹이 제공이 짝을 이루게 하는 방법이라고 설명한다. 이는 조건 반사라고 불리며 순전히 고전적 조건 부여 방식에 바탕을 둔다. 1936년에 세상을 떠난 러시아 생리학자 이반 페트로비치 파블로프는 이 분야의 권위자로서, 개의 소화를 연구하던 중에 거의 우연히 개들이 불규칙하고 각기 다른 정도로 침을 흘린다는 사실을 알아차렸다.

파블로프는 개에게 먹이가 주어지고 그 개가 침을 흘리는 시점과 동시에 버저 혹은 메트로놈이 울리도록 실험을 설계했다. 고전적 조건부 절차를 거쳐, 이 개는 소리와 먹이가 주어지는 것을 연관시켜서 이 소리를 들을 때마다 침을 흘리게 될 것이었다. 이로써 파블로프는 일련의 행동 이론 전체를 발전시켰다. 이 이론들은 현재 다른 수많은 상황에도 활용되고 있으며, 특히나 교실에서 교사들이 잘 활용한다. 교사들은 흔히 교실 환경을 조작하여 학생들 입장에서 긍정적인 학습에 도움이 되거나 안정감을 (그리고 가끔은 공포를) 이끌어내기 위해 고전적 조건부를 이용한다. 이를 위해 아마도 조명 밝기를 낮추거나, 방과 후에 남아서 벌을 받을 학생 명단을 보류하거나, 조용히 하자는 신호로 쓰기로 한 박수 3번과 같은 행동을 하도록 할 것이다.

그건 그렇고, 대부분의 사람들이 파블로프가 먹이의 도착을 알리기 위해 종소리를 이용했다고 생각한다. 하지만 그가 한 번이라도 종을 썼다는 증거는 없다. 그 대신 그는 버저, 메트로놈 그리고 가끔 전기 충격을 이용했다. 만약 여러분이 유식하게 보이고 싶다면, 누군가 파블로프를 언급할 때마다 이 사실에 관해 이야기하면 된다. 다만 이런 식으로는 누구에게도 호감을 사기 힘들 것 같다.

개는 왜 물건들을
땅에 묻는 걸까?

음식물을 땅에 묻는 행동은 '캐칭(caching)'으로 알려져 있으며 이는 타고난 생존 본능의 진화적 잔재이다. 개의 조상들이 포식자들과 무리의 나머지 구성원들로부터 먹고 남은 먹이를 숨기는 본능을 갖춘 덕분에, 나중에 배가 고플 때 그 먹이를 파내어 먹을 수 있으므로 살아남을 가능성이 더 높았을 것이다. 물론 가축화된 동물들은 이제 주인이 그들의 요구 사항에 맞춰 다정하게 제공해 주는 먹이를 격하게 지켜낼 필요는 없다. 하지만 진화에서의 적응은 오랜 시간 이어질 수 있다. 어떤 행동이 더 이상 의미가 없어졌는데도 말이다. 하물며 개들이 목적 없이 소파 뒤에 먹이를 쌓아 두거나 장난감을 땅에 묻는 행동은 합리적인 쓰임새를 초월한 본능의 힘을 드러낸 셈이다. 너무 과도한 캐칭은 가끔 무료하고 불안하거나 방어적인 개들이 보이는 문제 행동으로 진단한다.

캐칭 본능의 이기심은 함께 사냥하도록 진화한, 무리 지어 사는 동물에게는 이상하게 보일 수 있다. 하지만 성공한 늑대 무리조차도 사냥한 획득물을 분배하는 데 곤란을 겪을 수 있으며 가끔 싸움이 벌어지기도 한다. 부모와 형제자매들이 제 먹이를 거리낌 없이 어린 늑대들에게 나누어 주는 데도 말이다.

이렇게 땅에 파묻는 개의 본능은 다람쥐, 햄스터, 수많은 새들 그리고 인간까지도 공통적으로 갖고 있다. 나는 캐나다 북부의 북극권에서 이누이트 가족과 함께 지낸 적이 있다. 그들은 바다코끼리의 사체를 몇 달 동안 땅에 묻어 놓았다. 이렇게 하면 고기가 발효되어 숙성될 터였다. 그들은 내게 먹어 보라며 큼지막한 고깃덩어리 하나를 파냈다. 내게는 소름 끼치도록 톡 쏘는 맛이었건만, 아장아장 걷는 2살짜리 작은 아이를 포함해서 이누이트 가족 전체가 그 고기를 매우 좋아했다.

개는 왜 놀이를 좋아할까?

뻔하지 않은가? 개는 재미있으니까 노는 것이다! 하지만 행동 과학적 관점에서 재미 자체만으로는 충분히 타당한 이유가 되지 못한다. 놀이에는 시간과 노력이 필요하며, 진화적 요구에 따라 사냥, 섭취, 혹은 번식에 벗어난 어떤 활동이라도 야생 동물의 생존 가능성에 도움이 되어야만 한다. 만약 그것이 아니라면 놀이는 아마 야생 동물의 본능이었을 것이다. 많은 포유동물의 새끼들은 놀이를 한다(심지어 새끼 늑대들도 인간들이 던진 물건을 물어 오는 놀이를 함께할 것이다). 하지만 개들은 성견이 되어서도 놀이에 엄청난 욕구를 지닌다는 점에서 이례적이다. 이 지점에서 인위적인 선택이 작용했을 가능성이 있다. 개가 가축화되는 과정에서 우리 인간은 새끼 강아지와 비슷한 행동을 보이는 개체들을 선택했던 것이다. 그런 개체가 매력적이었기 때문이다.

놀이를 통해 동물들이 사회적 기술을 배우며 (무리 생활 동물들에게 특별히 중요한) 사회적 유대감을 점검하고 강화할 수 있다는 수많은 증거들이 존재한다. 또한 놀이는 동물들의 물리적 그리고 인지적 발달에 유익하며, 동물들이 예상치 못한 상황에 대처하는 데 필요한 정서적 유연성을 키워 주고, 다른 동물들과 비교하여 제 능력을 이해하는 데 도움이 된다. 하지만 동물의 놀이에 관련된 메커니즘을 입증할 증거는 거의 없으며, 한 세기가 넘게 이어진 연구에도 놀이의 진화적 기능에 대한 과학적 합의 역시 이루어지지 않았다. 왜 사회적 놀이는 어떤 종을 훨씬 더 번성하게 만드는 걸까?

서로 물어뜯기, 올라타기, 뒤쫓기, 그리고 누르기 놀이들은 친근감과 공격성 사이에서 아슬아슬한 줄타기를 한다. 평화로운 놀이를 보장하기 위해 (그리고 그 놀이가 지속되도록 장려하기 위해) 개들은 수많은 다양한 신호를 이용하여 서로 정식으로 놀이를 청하고 서로 동시에 활동한다. 놀이를 청하는 고전적인 방식은 '플레이 바우(Play bow)' 행동을 취하는 것이다. 이때 개는 대개 컹컹 짖고 꼬리를 흔들면서, 앞발을 바닥에 내려놓고 엉덩이를 공중으로 올린다. 개들은 놀이 자체를 하는 동안에도 이런 자세를 취할 것이다. 놀이 도중 잠깐 멈춘 다음, 다시 플레이 바우 행동을 취해서 한 번 더 놀이를 개시하려는 것이다. 다른 신호들로는 껑충 뛰기, 고음으로 짖기, 머리 조아리기, 긁는 동작, 그리고 가끔 물러나는 시늉(mock-

전설의 개들
버릇없는 대통령의 개 럭키

부비에 데 플랑드르 견종은 원래 가축 몰이 개이다(부비에 (bouvier)는 '소 치는 사람'을 뜻한다). 그런데 럭키라는 이름의 이 견종이 1984년에 낸시 레이건 여사에게 선사되어 백악관으로 들어가게 되었다. 일 년이 못 되어서 럭키는 레이건 여사의 캘리포니아 목장으로 좌천되었다. 사진 촬영 시간에 잠시도 가만히 있지 못하고 끌어당기는 바람에 로널드 레이건 대통령을 신체적으로 약하고 능력이 없는 것처럼 보이게 만들었기 때문이다. 레이건 대통령은 그렇게 보이는 걸 싫어했다. 그는 여전히 자신을 카우보이라고 생각했다.

retreat move, 과장된 뒷걸음질)이 있다.

우리가 확신할 수 있는 것은 놀이가 행복감을 발생시킨다는 점이다. 개를 기분 좋게 만드는 호르몬의 분비 덕분이다. 인위적인 선택은 위험 요소를 안고 있는 법이다(인간에 의해 만들어진 일부 품종의 신체적 특징들은 개에게 악영향을 끼쳐 왔다). 하지만 우리가 놀기 좋아하고 행복감을 느끼는 개들을 선택했다는 사실, 그리고 행복감을 느끼는 개가 훌륭하게 사회화된 개가 될 확률이 높다는 사실은 그 종에게 당연히 유리할 것이다.

개는 왜
신발 뜯어먹기를 좋아할까?

개는 유전적으로 한바탕 씹는 것을 즐기는 경향이 있다. 이런 경향은 아마도 뼈 씹기를 좋아했던 그들의 갯과 조상들이 뼛속 골수로부터 추가 열량을 확보해 왔기 때문이다. 그러므로 그것이 뼈든 신발이든 간에 씹는 성향을 보이는 개체들은 먹이가 부족한 때에 살아남아서 제 유전자를 물려줄 가능성이 더 컸던 셈이다. 개는 이런 습성을 물려받은 것이다. 반려동물로서의 삶에는 더 이상 관련이 없는 습성이지만 말이다.

무엇이든 씹어 대는 행동은 우리를 짜증나게 하지만 반려견을 키우는 주인으로서 감당해야 할 과제일지도 모른다. 개를 훈련시켜 개의 행동 일부를 조정할 수도 있다. 하지만 애초에 우리가 녀석들에게 푹 빠졌던 이유인 개로서의 본질을 빼앗지 않으면서 개의 모든 행동을 우리 생활에 맞게 조정할 수는 없는 노릇이다.

대다수의 새끼 강아지들은 이가 나는 시기의 고통을 줄이기 위해 씹는 행동을 한다. 그리고 나이가 들면 몇 가지 이유에서 또다시 씹는 행동을 시작한다. 씹는 행동은 1) 권태와 좌절을 방지하기 위한 효과적인 행동이자 2) 분리 불안을 경감시키고 3) 단순히 배고픔과도 관련 있을지도 모른다. 하지만 왜 하필 신발일까? 글쎄, 녀석들이 우리가 제일 좋아하는 신발을 고르는 이유에 대해서는 몇 가지 적절한 의견이 존재한다(하지만 실제 연구 결과는 아니다).

1. 가장 단순하게 생각해서, 신발이 개가 입으로 물기 딱 좋은 크기이기 때문이다. 실제로 신발은 개들이 흔히 씹기 좋은 뼈 크기와 비슷하다.

2. 우리 신발은 (좋든 싫든) 우리의 체취를 풍긴다. 따라서 반려견들은 자연스럽게 그 신발에 흥미를 느낄 것이다.

3. 신발은 대단히 씹기 좋은 재료들로 만들어진다. 가죽, 고무, 그리고 캔버스 천처럼 부드럽고 유연하지만 탄력이 있는 재질이다. 또한 이 재료들을 조금만 인내심을 갖고 씹다 보면 니딜

너덜해진다. 이 점이 신발을 좋은 도전거리로 만들어 주는 셈이다. 녀석들이 노트북을 씹는 것으로 그와 같은 도전 의식을 품지 않아서 다행이다.

자전거를 제일 빠르게 타는 개

기네스북에 따르면, 브리아드 견종인 노먼은 자전거를 타고 30m 거리를 55.1㎞의 속도로 달려 가장 빠른 기록을 보유하고 있다. 녀석은 보조 바퀴를 달고 달리긴 했지만 그 기록은 여전히 대단한 위업이다.

개는 정말 수 킬로미터 떨어진 곳에서 집에 찾아올 수 있을까?

개의 귀소 능력은 월트 디즈니의 고전 신파 영화 〈머나먼 여정(The Incredible Journey)〉에서 나온 것처럼 영원히 기억될 전설적인 능력이다. 이 영화에서 두 마리의 개와 한 마리의 고양이는 휴일 동안에 제 주인들을 잃고 나서 수 킬로미터를 이동한 끝에 그들을 찾게 된다. 이 이야기는 현실적이고, 실재하며, 관련 증거가 많은 현상이기도 하다. 1924년, 바비라는 이름의 경이로운 개는 인디애나주로부터 4,500km를 여행하여 오리건주에 있는 제 고향을 찾아왔다. 그리고 이보다 짧은 거리를 여행한 개들의 이야기는 숱하게 많다. 예를 들어 92km를 달려 예전 집으로 돌아온 이야기, 18km를 달려 위탁 가정으로 돌아온 이야기, 그리고 도중에 넓은 강을 횡단하며 29km를 여행한 이야기가 있다.

물론 이런 이야기를 냉정하게 바라본다면, 어쩌다 걸린 행운으로 치부할 수도 있을 것이다. 집을 찾아온 개들의 수보다 매해 길을 잃은 개들의 수가 훨씬 많은데, 결과적으로 신문에는 언제나 상당히 멀리 떨어진 곳에서 집을 찾아 돌아오는 희귀한 개만 보도될 것이다. 돌아오지 않는 수천 마리의 개들에 대해서는 전혀 언급되지 않을 것이다. 다만 귀소 능력을 뒷받침해 주는 일부 과학이 존재한다.

냄새는 귀소 과정에서 중요한 역할을 한다. 그리고 개들의 후각이 우리가 상상할 수 없는 정도까지 강력하다는 사실을 기억해야 한다. 개는 수 킬로미터 밖에서 제 발자취를 되밟아 올 수도 있다. 그리고 차로 이동하여 길에 냄새를 남기지 않았을 때조차 다른 개들, 들판, 음식점, 혹은 농장의 익숙한 냄새들을 추적하는 능력을 발휘해 집에 돌아올 수도 있다.

최근 들어 귀소 능력에 관한 과학적 연구는 점점 더 흥미진진해진다. 과학 잡지 〈이라이프(eLife)〉에 발표된, 놀라운 2020년도 한 연구 논문에서는 세 살이 넘은 사냥개들을 관찰한 후 그들 중 30%가 자성 네비게이션(magnetic navigation)으로 정찰하여 주인을 찾는다는 것을 밝혀냈다. 이 사냥개들은 지자기를 이용해 방위 정보를 얻으려 남북 방향으로 20m의 짧은 '나침반 질주(compass run)'를 통해 정찰을 시작한다. 그

전설의 개들

세계에서 가장 용감한 개 쿠노

분쟁 시기에 활약한 동물의 용맹을 치하하는 디킨 메달은 제2차 세계 대전에서의 무공을 표창하기 위해 1943년에 처음으로 수여되었다. 그리고 2000년에 일어난 온갖 무력 충돌에서 공을 세운 동물들을 위해 부활했다. 최초의 동물 수상자들의 반 이상이 비둘기들이었다. 하지만 2000년 이래로 엄청난 수를 기록한 동물 수상자들의 주인공은 개였다. 이 중에는 영국 육군 소속의 벨지안 말리노이즈 종인 비범한 개 쿠노도 포함되어 있다. 쿠노는 아프가니스탄에서 영국 해군 특수부대 SBS(Special Boat Service)가 급습하는 동안 보여 준 용기로 2020년 8월에 훈장을 받았다. 쿠노는 야간 투시경을 쓰고서, 두 다리에 총상을 입었음에도 총기범을 공격하고 그와 몸싸움을 벌였다. 쿠노는 살아남았으나 영국 본토로 돌아가던 중 뒷발 한쪽을 수술로 절단해야만 했으며 발에 맞춤형 인공 다리를 달았다.

런 다음 냄새를 이용할 필요가 없는 경로를 써서 성공적으로 집으로 돌아갔다. 이러한 위치 정보 입수 능력은 얼토당토않게 들릴지도 모르지만 개가 남북 방향으로 배변하는 것을 더 좋아한다는 사실과 연결된다.

개는 왜 제 꼬리를 쫓는 걸까?

인간들이 보기에 아주 재미있게도, 일부 개들은 꼬리 쫓기를 그냥 좋아한다. 그리고 우리가 재미있어하는 모습이 녀석들이 그런 행동을 하는 이유 중 하나인 듯하다. 반려견이 처음 몇 번 제 꼬리를 쫓을 때마다 우리가 녀석에게 긍정적이고 애정 어린 관심을 기울인다는 것을 알아챘다면 그 행동을 다시 할 가능성이 있다는 뜻이다. 이것은 거의 주객이 전도된 훈련 시나리오이다. 녀석은 원래 주인의 관심에서 즐거움을 얻는 존재이므로 그런 관심을 보이도록 녀석이 우리를 훈련시켜 왔던 것이다.

하지만 애초에 개는 왜 꼬리를 쫓는 걸까? 개의 빠른 시각적 점멸 융합율은 개로 하여금 재빨리 움직이는 먹잇감을 사냥하는 데 도움이 되는 방향으로 발달했다. 따라서 개는 그 대상이 제 꼬리이든 집에 같이 사는 참을성 있는 고양이든 간에 신속하게 움직이는 대상을 보면 흥분하게 된다. 만약 개가 몸을 돌리다가 제 꼬리 끝이 살랑거리는 것을 포착한다면, 우리에게는 크나큰 즐거움을 선사하는 그 강박적인 빙빙 돌기가 시작될 수도 있다. 꼬리 쫓기 행동을 주기적으로 한다면, 이는 개 강박장애와 같은 문제의 징후일지도 모른다. 그리고 이런 징후는 비타민과 무기질 부족과 연관된 것으로 보인다. 강박적으로 꼬리를 쫓는 개는 더 잘 놀라는 경향이 있고, 흔히 어릴 적에 어미 개와 떨어져 지냈던 적이 있으며, 다른 강박적 행동도 보일 것이다. 또한 꼬리 쫓기는 벼룩이나 진드기, 상처, 혹은 상당한 권태로움에 대한 반응일 수도 있다. 다만 여러분이 반려견에게 적절한 관심과 운동 기회를 주면, 녀석은 가끔씩만 꼬리를 쫓을 것이다. 그러니 즐길 수 있을 때 즐기자.

개는 왜 눕기 전에
원을 그리며 걸을까?

인간을 포함해서 수많은 동물들이 자기 전에 잠자리를 준비하는 데 시간을 들인다. 개도 예외는 아닌지라, 대개 눕기 전에 주위를 빙빙 돌고 잠자리를 긁는다. 이것은 개의 조상인 늑대에게 유용했던 행동이 오늘날까지 이어져 온 것이다. 늑대 조상은 뱀이나 해충이 있는지 바닥을 확인하고, 눈, 잎사귀, 혹은 뾰족한 초목을 밟아 뭉갤 필요가 있었을 것이다. 또한 늑대들은 어떤 영역을 평평하게 만들어 무리의 다른 구성원들에게 그 영역이 확보되었음을 보여 주는데, 이처럼 안락, 온기 그리고 포식자로부터의 안전이라는 최상의 조합을 선사하는 자리를 선택하느라 많은 시간을 들였을지도 모른다. 원을 그리며 도는 행동은 한 늑대가 다른 무리 구성원들의 행방, 그중에서도 특히나 보호가 필요한 새끼 늑대들의 행방을 파악할 수 있게 해 준다.

이는 곧 여러분의 반려견이 한눈에 보아도 풀 한 가닥 없는 환경에서 여러분의 일주일치 임금이 들어간, 안에 털가죽이 덧대어 있는 최신 고급 침구를 사용한다고 해도, 반려견은 여전히 늑대혈(wolfiness)의 잔재를 지니고 있다는 뜻이다. 이렇게 남아 있는 늑대혈은 더는 유용하지 않은, 내재된 원시적인 행동들을 다시 하도록 녀석을 이끈다. 인공 교배 시 그러한 특이점들이 제거될 만큼의 강력한 이유가 없었기 때문에 반려견은 이런 불필요한 특이점들을 많이 지니게 된 것이다. 이는 '습성에 위배되는 선택(selecting against habit)'으로 알려져 있다.

5장

개의 감각

개의 후각

개의 얼굴에서는 거대하고 생기가 도는 훌륭한 코가 두드러져 보인다. 여기에는 그럴 만한 이유가 있다. 인간의 냄새 수용체가 500만 개인 데 비해, 개는 1억 2,500만에서 3억 개의 냄새 수용체들, 그리고 인간보다 40배 더 넓은, 후각 메시지 해석에 기여하는 뇌 영역을 갖추었기 때문이다. 개의 후각은 의심할 여지없이 굉장한 기술인 셈이다. 개들의 냄새 지각은 우리 인간의 것보다 1만 배에서 10만 배 더 정확하며, 짧은 킁킁거림으로 1분에 최대 300회까지 숨을 들이쉴 수 있고, 농도 1ppb인 일부 물질들을 감지할 수도 있다(1ppb란 올림픽 규격 크기의 수영장 2개 속의 1티스푼에 상응하는 농도이다). 개의 콧구멍은 심지어 방향을 돌려 어느 쪽에서 냄새가 나고 있는지 파악할 수 있다.

킁킁거릴 때는 얕고 가쁜 호흡을 사용하므로 일상적인 호흡에 지장을 초래한다. 그런데 이런 호흡은 코 안의 냄새 분자가 콧속에 더 오래 남아 있게 도와준다. 만약 개가 냄새를 찾는 와중에 정상적으로 길게 호흡한다면, 그 냄새 분자들은 콧속에서 빠져나갈 가능성이 더 높다. 개가 숨을 들이마심과 동시에 공기는 비갑개라 불리는 미로를 통과한다. 비갑개에는 냄새 수용체들이 줄지어 있는데, 그 영역은 18~150cm²에 이르며 인간의 경우는 3~4cm² 정도이다. 개는 비강 아래쪽에 서골비 기관도 갖추고 있다. 이 기관은 짝짓기와 사교에 유용한 신호들을 포함한 페로몬을 식별하는 데 쓰이는 부수적인 코와 같다.

개의 코는 왜 촉촉할까? 콧부리로 알려진 개의 코끝은 촉촉한 상태로 유지되기 때문에 여기에 있는 온도 수용기는 기화 냉각을 통해 바람의 방향을 감지할 수 있다(가장 온도가 낮은 쪽이 바람이 불어오고 있는 곳일 테다). 또한 방향 탐지, 냄새와 소리의 진원지를 찾는 데 도움이 될 수 있다. 국제학술지 〈사이언티픽 리포트(Scientific Reports)〉에 게재된 최근 연구 논문은 콧부리가 심지어 적외선 열의 미약한 원천을 감지하는 데에도 쓰인다는 사실을 담았다. 콧부리 자체가 냄새 수용체를 갖추고 있는지 혹은 콧부리의 주된 쓰임이 그 형태를 바꾸어서 페로몬 냄새를 서골비 기관 쪽으로 다시 보내는 것인지에 대해서는 논란의 여지가 있다.

갈라진 코

카탈부룬 견종은 이상하게도 코가 갈라져 있다. 그래서 주둥이 앞쪽에 완전히 갈라진 개별적인 두 개의 콧구멍을 갖고 있는 것처럼 보인다. 이 견종은 튀르키예에서 유래했으며, 현재 매우 희귀한 종이다.

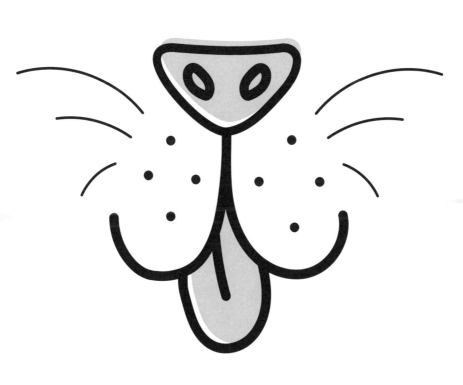

개는 정말 질병을
진단하기도 할까?

인간은 수천 년 동안 개의 경이로운 후각 능력을 활용해 왔다. 개에게 추적, 사냥, 그리고 침입자를 알리는 경비의 일을 시켰으니 말이다. 하지만 인간과 개의 관계에 있어서 가장 특출한 발전은, 냄새만으로 질병이나 건강 상태를 확인하는 생물 검출기로서 개를 이용한 것이었다. 개의 후각 능력은 우리가 거의 상상할 수도 없는 수준으로 강력하다는 사실을 꼭 기억해야 한다.

개의 입장에서 보면, 인간은 저마다 특유한 냄새들의 구름에 둘러싸여 있는 셈이다. 그리고 이 냄새들의 조합은 개인적 특징을 만들어 낸다. 그 냄새들 중 상당수는 환경으로부터 기인하지만 땀, 숨, 점액, 소변, 분변 그리고 우리 몸에 사는 세균들, 효모들, 그리고 균류의 고유한 조합으로도 냄새들이 우리 몸 밖으로 풍겨 나온다. 질병과 건강 상태 때문에 유발된 세포 속 화학적 변화가 휘발성유기화합물(VOCs-기본적으로 냄새를 지니는 활성 분자들)의 생성으로 나타나면, 그 인간의 냄새 구름(human odour cloud)이 변할 수도 있다. 암을 유발하는 휘발성유기화합물은 1971년에 인간의 소변에서 최초로 확인되었으며, 이 화합물은 우리 인간의 숨과 땀 속으로도 침투하여 생체 지표로 불리는 특징적인 냄새를 자아낸다. 그리고 이 냄새를 놀라울 정도로 정확하게 알아차리게끔 개를 훈련시킬 수 있다.

생체 지표를 알아차리도록 개를 훈련시키는 일은 시간과 비용이 많이 드는 과정이다. 일부 질병과 건강 상태는 다른 방법들을 쓰는 것보다 개들이 확인하는 것이 더 쉬운 것 같지만 말이다. 개들은 (정확한 진단이 어렵기로 악명 높은) 전립선암뿐만 아니라 뇌전증 발작(심지어 발작이 일어나기도 전에 알아챈다), 피부, 폐, 신장, 유방암, 그리고 말라리아(아이들의 양말 냄새를 맡고서 알아챈다)를 발견하는 데 놀라울 정도로 능하다. 이런 개들은 코로나19 바이러스(WHO의 정식 명칭은 코비드 19)를 탐지하는 데에도 투입되었다.

한 가지 특별히 흥미로운 사실은, 징후가 나타나기 전에 개들이 파킨슨병을 탐지할 수도 있다는 점이다. 이는 파킨슨병 치료에 신기원을 여는 것일 수도 있다. 파킨슨병의 징후는 대개 병과 연관된 뇌 속의 신경 세포들 중 절반 이상이 소실되었을 때 시작되기 때문이다. 이른 진단이 한 사람의 인생을 바꿀 수도 있을 것이다.

개가 본능적으로 우리가 곤경에 처해 있을 때를 이해하고 도와줄 사람을 찾아올 것이라는 래시에 대한 생각은 (118쪽 참고) 슬프게도 온타리오주 웨스턴 대학교의 윌리엄 로버츠 교수가 수행한 연구에서는 지지를 받지 못했다. 이 연구 논문에서 견주들은 제 반려견들과 들판 중앙을 향해 걸어간 후 심장 마비가 온 것처럼 연기하며 땅에 쓰러졌으며, 그때 2명의

개의 진단

개는 강력한 후각을 이용하여 암, 당뇨, 그리고 심지어는 뇌전증 발작이 생기기 전에 감지하는 훈련을 받을 수 있다.

다른 사람들이 책을 읽으며 근처에 앉아 있었다. 견주가 6분이나 움직이지 않고 누워 있는데도 제 주인을 위해 도움을 요청한 개는 단 1마리도 없었다. 이 결과는 개들이 어설픈 연기를 알아차리는 데 귀재이거나 래시의 이야기가 전혀 사실이 아니었거나 둘 중 하나이다. 내 모든 어린 시절과 함께했던 이야기가 거짓말이었다니?

개의 시력

시력은 개의 특출한 능력이 아니며, 개들의 세계는 인간의 세계처럼 그렇게 시력에 좌우되지 않는다. 그렇다고 개의 눈이 사람의 눈보다 나쁘다고 생각하는 것은 잘못된 생각이다. 개의 눈은 사람의 눈과 다를 뿐이다. 개는 부분 색맹이다. 일부 색깔을 구별하긴 하지만 개의 눈은 파란색과 노란색 이렇게 두 가지 색상 범위, 즉 이색성 시력을 갖추고 있을 뿐이다. 이에 비해 인간의 눈은 빨간색, 파란색, 그리고 초록색 이렇게 세 가지 색상 범위, 즉 삼색성 시력을 갖추고 있다. 그러니까 개들에게 빨간색과 초록색은 회색 음영으로 보인다는 뜻이다. 하지만 색상의 복합성 면에서 보면, 개들이 잃는 게 있으면 얻는 것도 있다. 저조도에서 장거리를 볼 수 있는 탁월한 인식, 넓은 시야, 그리고 고속으로 점멸-융합하는 움직임 감지 능력(fast flicker-fusion movement detection)이 바로 그것이다.

늦대는 주로 해 질 녘에 사냥한다. 그래서 늦대의 시야는 저조도 환경에서 가장 잘 보이도록 맞춰져 있으며, 개가 이 특질을 물려받은 것이다. 개의 눈은 원뿔세포보다 간상세포를 더 많이 갖추고 있다. 다시 말해, 색상보다는 빛과 음영을 더 잘 볼 수 있다는 뜻이다. 인간과는 다르게, 개는 안구 뒤쪽에 반사층인 반사판을 갖추고 있다. 이 반사판은 빛을 반사하여 망막으로 보내며, 받을 수 있는 빛의 양을 증가시켜 가시성을 향상시킨다. 여러분이 플래시를 켜고 개 사진을 찍으면 이 반사층을 눈으로 확인할 수 있다. 개의 반짝거리는 눈은 그야말로 악마의 눈동자와 닮았다. 자세히 들여다보면 개가 3가지의 눈꺼풀을 갖추고 있다는 사실도 발견할 수 있다. 윗눈꺼풀, 아랫눈꺼풀, 그리고 순막이라 불리는 제3의 눈꺼풀이 그것이다. 순막은 흔히 반려견이 잠들어 있을 때 각별히 눈을 보호하기 위한 용도로 사용되는데, 여러분은 졸린 듯 보이는 사냥개를 깨울 때 순막을 보게 될지도 모른다.

시력은 멀리 떨어져 있는 두 선 사이의 간격을 알아보는 능력이다. 이런 면에서 인간은 여유 있는 승자이다. 우리 인간이 25m 떨어진 곳에서 볼 수 있는 사물을 개는 6m 이내에 있어야 볼 수 있다. 이런 사실에도, 개의 시력을 좌우하는 간상세포는 상당히 먼 거리에서도 개의 움직임 감지 능력이 인간의 능력보다 훨씬 더 낫다는 것을 증명한다. 이 능력은 작은 동물을 사냥할 때 편리하며, 주둥이 양측에 하나씩 자리 잡은 눈의 도움을 받는다. 두 눈의 위치는 대부분의 개들에게 인간보다 더 넓은 시야를 확보해 준다. 넓은 시야의 유일한 단점은 양안시가 상대적으로 약하다 보니 (양안시인 경우 종종 두 눈이 시각적으로 겹친다) 깊이를 인지하는 능력이 저하된다는 점이다.

점멸융합율은 눈과 뇌가 움직임을 얼마나 세부적으로 처리할 수 있는가를 일컫는다. 예를 들어 고해상도 TV는 초당 50~60개의 다른 이미지를 사용하여 매끄럽게 연결되는 하나의 영상을 만들어낸다. 영화는 대개 초당 24~25개의 프레임으로 촬영되곤 하지만, 카메라가 대상을 따라가 찍는 속도와 셔터 속도가 너무 빠르지만 않으면 움직임이 매끄러워 보이는 착시 효과를 불러일으킨다. 하지만 개는 초당 70~80개의 프레임을 처리한다. 사실상 개들은 세상을 더 세부적인 움직임으로 인식하며, (TV 화면은 깜빡이는 이미지들의 나열로 인식한다) 빠른 시각적인 반응을 보임을 뜻한다. 이것을 초당 400 프레임을 처리하는 집파리의 점멸융합율과 비교해 보자. 그러면 여러분은 집파리를 찰싹 때려잡는 것이 왜 그렇게 어려운지 이해하게 될 것이다. 집파리들은 사실상 세상을 슬로우모션처럼 인식하는 셈이다.

가장 긴 귀

개 중에서 가장 긴 귀를 가진 주인공은 미국의 세인트 조세프시에 사는 블러드하운드 종인 티거였다. 기네스북에 따르면, 티거의 오른쪽 귀는 길이가 34.9cm였으며 왼쪽 귀는 34.3cm였다.

개의 미각, 촉각, 그리고 청각

미각

개의 미각은 태어날 때부터 충분히 발달되어 있으나, 결코 인간의 미각만큼 정교하지 못하다. 우리 인간은 혀 표면에 약 1만 개의 미뢰가 있지만 개는 1,700개뿐이다(고양이는 470개 정도이다). 개의 혀가 말도 안 되게 긴데도 말이다. 특히나 개는 소금에 대한 민감도가 낮다(아마도 육류가 풍부한 식단에는 자연적으로 다량의 소금이 함유되어 있기 때문일 것이다). 하지만 설탕과 산에 대한 민감도는 높으며, 쓴맛은 강하게 거부한다. 희한하게도, 혀끝에도 수용기를 갖추고 있다. 이 수용기들은 물의 맛에 매우 민감하며 짜거나 달달한 먹이를 먹고 난 후에 더욱더 민감하다. 이는 아마도 야생에 사는 개들이 탈수를 일으키는 물질을 먹고 나서 물을 더 섭취해야 할 때 유익할 것으로 짐작한다.

촉각

개의 감각들 가운데 미각과 함께 촉각은 태어날 때부터 완전히 발달된 감각이다. 개는 고도로 사회적인 동물이므로, 촉각은 평생에 걸쳐 의사소통과 상호 작용을 위한 중요한 수단이다. 개들은 사람이 만져 주는 것도 좋아한다. 수많은 연구들이 부드럽게 쓰다듬기가 개의 심박 수와 혈압을 낮추며 인간에게도 동일하게 유익함을 증명하고 있다. 개의 몸 가운데 감수성이 가장 높은 부위는 주둥이며, 특히나 (코털이라 알려진) 감각털의 뿌리 부분이다. 이 감각털은 감촉에 반응하는 기계수용기들로 꽉 차 있다. 감각털의 기능은 완벽히 파악되지 않은 상태이다. 하지만 고양이의 경우와 마찬가지로, 개의 감각털은 너무 가까워서 눈으로 인지할 수 없는 사물과 비교하여 제 위치를 파악하는 데 도움이 되는 것으로 여겨진다.

청각

많은 개든이 융단처럼 풍성한 털에 귀가 덮여 있나 해도,

인간보다 고주파 음역에서 훨씬 더 나은 청각을 갖고 있다. 개는 4만 4,000Hz만큼 높은 소리를 들을 수도 있지만 우리 인간은 기껏해야 1만 9,000Hz까지 소리를 들을 수 있을 뿐이다. 그렇기는 해도 인간은 저음부의 더 낮은 주파수에서 개를 능가한다. 개가 64Hz까지 감지할 수 있는 데 비해 인간은 31Hz만큼 낮은 소음을 감지할 수 있다.

또한 개의 귀는 그 위치를 조절하는 18개의 근육을 갖추고 있어서 고도로 움직임이 자유롭기도 하다. 따라서 개는 소리의 출처를 빠르고 정확하게 찾아낼 수 있다. 귀의 구조는 멀리서 들려오는 소리를 듣는 데 도움이 된다. 그리하여 인간보다 약 4배 더 먼 곳의 소리를 들을 수 있다.

달마티안의 난청

달마티안 견종의 30%는 한쪽 귀가 난청이며, 5%는 양쪽 귀 모두가 난청이다. 이것은 극도의 얼룩무늬 유전자에 의해 유발되며, 이 유전자는 점박이 털 무늬와 일부 푸른 눈 동자의 원인이기도 하다. 더 큰 점박이 무늬를 지닌 달마티안일수록 난청이 될 가능성이 낮다.

6장

개의 언어

개는 왜 짖을까?

개의 짖음은 제대로 이해하기 어렵다. 개들은 수없이 다양한 이유에 의해 각기 다른 방식으로 짖는다. 권태, 공포, 공격성, 고립에 대한 반응, 놀고 싶은 욕구, 인간의 개입 요구, 한창 놀이 중에, 항의로서, 구조 요청으로서, 혹은 여러분이 단지 '다람쥐'라 말해서 짖는 것이다. 우리는 개 짖는 소리가 의사소통의 한 형식인지 혹은 단순히 상황 혹은 경험에 대한 반응인지 그 여부조차 파악하지 못하고 있다. 이 문제가 왜 중요할까? 사실, 도를 넘은 개 짖는 소리는 사람들이 기르던 개를 동물 보호소로 넘기는 흔한 이유다. 만약 우리가 개 짖는 소리를 더 많이 이해한다면, 아마도 개들이 더 윤택한 삶을 영위하는 데 도움을 줄 수 있을지도 모른다.

늑대는 거의 짖지 않는다. 그러므로 짖는 소리는 가축화 과정의 일부로 발달되어 온 것이 틀림없을 것이다. 아마도 잘 짖는 개는 침입자나 포식자의 접근을 알릴 수 있기 때문에 더 조용한 개를 제치고 인간에게 선택되었을 것이다. 아니면 인간과 개 사이의 친밀한 관계가 "나 먹을 것/마실 것/놀 것/운동/배뇨가 필요해요"와 같은 자신들의 요구 사항을 우리에게 알릴 수 있는 수단을 찾게 만든 것일지도 모른다. 다음은 조건화의 적절한 예이다. 만약 반려견이 짖었을 때 여러분이 녀석에게 먹이를 먹인다면, 짖는 것과 먹이 사이의 연결성이 여러분과 반려견 모두에게 지속될 것이므로 조심해야 한다. 유형 성숙에 대해서도 이와 관련된 논쟁이 벌어지고 있다. 만약 여러분이 한 가지 특질을 (귀엽게 축 처진 귀와 커다란 눈) 고른다면, 여러분은 그와 부산물처럼 연결된 한 세트의 특질들을 (강아지들은 원래 많이 짖는다) 얻는 경향이 있다는 것이다.

과학적 합의가 부족하긴 하지만, 그래도 여러분은 반려견의 짖는 소리를 해석해 볼 수도 있다. 자세히 들어보면서 음색, 반복, 음높이 그리고 낮은 음조를 기록해 보자. 또한 반려견과 여러분의 태도, 전후 사정, 그리고 결정적으로 반응을 (또 다른 개든, 낯선 사람이든, 이는 새끼든, 혹은 여러분 자신이든 상관없이 누구의 반응이라도) 기록해야 한다. 약간 시간이 걸리는 작업이지만 마침내 녀석이 불안한지, 배고픈지, 화가 나 있는지의 여부 혹은 약 올릴 다람쥐가 있는지 없는지를 설명하는 일련의 조합들이 완성될 것이다.

우리가 말할 때
개는 무엇을 듣는 걸까?

개는 사물에 대한 수십 개의 다른 단어들을 기억할 수 있으며 "앉아", "기다려", 그리고 "엎드려"와 같은 광범위한 일련의 명령에 반응할 수 있다. 개는 우리가 녀석들에게 전달하는 마음 상태의 상당수를 이해하는 데 탁월하다. 그리고 심지어 맹인 안내견은 기초적인 기호학(뜻을 전달하는 기호들의 사용)을 활용한다.

그렇다고 이것이 개가 우리의 생각을 언어로서 이해한다는 뜻은 아니다. 언어란 논리적, 어휘적 의미 그리고 문법적 규칙을 완비한, 복잡하고 구조적인 의사소통 체계를 말한다. 개는 우리가 빠르게 말하거나 문장으로 말할 때 세부적인 단어 뜻을 알아내는 데 어려움을 겪는다. 그래도 녀석들은 흔히 "스쿼럴(squirrel, 다람쥐)" 그리고 "시트(sit, 앉아)"와 같은 강한 치찰음이 포함된 단어들과 "힐(heel, 따라와)" 그리고 "워크 (walk, 걸어)"와 같은 긴 모음이 포함된 단어들을 듣고 이해할 수 있긴 하다.

일부 사람들은 개가 목소리의 어조에 반응하는 것이지 단어를 알아듣는 것은 결코 아니라고 생각한다. 2017년, 프랑스의 한 생체음향학자(생물에 의해 생성되고 생물에게 영향을 주는 소리를 연구하는 과학자)는 여성은 한결같이 느리고, 높은 음역대로, 노래하듯 가락을 넣은 목소리로 개를 부르는데, 이런 음성을 녹음하여 틀어 놓으면 새끼 강아지들은 강하게 반응하여 스피커를 향해 짖으며 뛰어왔다고 밝혔다. 심지어 일부 강아지들은 놀이를 개시할 때 취하는 '플레이 바우' 행동을 보여 주었다. 반면, 동일한 녹음 음성을 들은 성견들 대부분은 그저 스피커를 쳐다본 뒤 외면했다. 연구진은 그 이유를 완전히 확신하지 못한 상태이다. 어쨌거나 성견들은 여전히 놀이를 좋아한다. 인간이 참여하지 않는 놀이 제안은 흥분할 만한 가치가 없다는 교훈을 얻은 것일 수도 있지만 말이다.

개는 몸짓 언어와 표정을 통해 우리 인간의 정서적 상태와 긴장을 식별하는 데 능하다. 하지만 단어가 억양과 결합된다면 그 능력은 훨씬 더 탁월해진다. 2016년, 〈사이언스〉에 발표된 한 흥미로운 연구 논문에서는 MRI 스캐너 속에 앉아 있도록 훈련받은 개들을 대상으로, 특정 어구에 대한 개들의 반응을 분석했다. 이 연구로, 개의 뇌는 우리 인간의 뇌와 동일한 방식으로 언어를 처리한다는 사실이 밝혀졌다. 즉 뇌의 우반구는 감정을 처리하고 뇌의 좌반구는 언어의 의미를 처리한다.

하지만 가장 흥미로운 발견은 단어들이 칭찬 일색의 어조와 결합될 때 비로소 개들이 행복감(혹은 과학적으로 말하자면, 보상충추의 신경계 활동)을 느꼈다는 것이다. 개들이 '기특한 녀석'이라는 말을 밋밋하고 중립적인 음성으로 들었을 때에는 그 어구의 뜻을 인지했지만 칭찬은 아닌 것으로 알아차렸기에 개들의 뇌는 행복감을 표하지 않았다. 칭찬하는 억양이 그 단어들과 일치했을 때만 행복감을 느꼈다. 이는 한마디로 개가 단어와 억양을 따로 이해하지만, 이 둘을 결합해서 의미를 해석하여 칭찬을 이해할 때 비로소 실질적인 행복감을 느낀다는 것이다.

물론 개들이 어리본 밀을 듣고 싶어 알지 말지는 또 다른 문제이다. 2014년, 〈행동 과정(Behavioural Processes)〉에 발표된 한 논문은 개들이 말로 하는 칭찬보다는 쓰다듬어 주는 것을 큰 차이로 더 선호한다는 사실을 밝혀냈다.

대단한 어휘력

대부분의 개들은 165개의 단어와 어구를 이해할 수 있는 능력을 갖추고 있다. 하지만 심리학 교수 존 필리가 키우는 미국의 한 보더콜리 종인 체이서는 천 개의 장난감 이름을 숙지하고 (그 장난감들을 가져올 수도) 있다.

그르렁거리기, 요들송 같은 소리, 그리고 하울링은 어떤 의미일까?

개들은 놀라울 정도로 광범위한 음성을 만들어내며, 꼬리 흔들기와 마찬가지로 이런 소리들은 대개 특정 맥락에 따라 의미가 달라진다. 이 점은 연구진을 화나게 만든다. 하나의 발성은 하나의 맥락에서 하나의 의미를 담고 있지만, 또 다른 상황에서는 완전히 다른 의미를 담을지도 모르기 때문이다. 주인과 반려견은 상호 이해를 위해 서로를 늘 단련시킨다.

단순한 그르렁 소리는 흔히 인사할 때, 그리고 만족을 표현할 때 들을 수 있다(강아지들은 먹이를 먹을 때와 잘 때 규칙적으로 그르렁 소리를 낸다). 으르렁 소리는 공격 혹은 방어를 의미할 수도 있지만 놀 때 내는 흔한 소리이기도 하다. 2008년도 헝가리의 한 연구는 스피커를 통해 들려준 으르렁 소리의 특정한 의미들을 개들이 이해한다는 것을 알아냈다. 혼자 뼈를 먹고 있는 어떤 개가 한 무리의 개들이 뼈 하나를 놓고 경쟁하며 서로를 향해 으르렁거리는 소리를 들으면, 이 개는 먹던 뼈에서 물러나 떨어져 있는 모습을 보였다. 이 결과는 (아마 뼈에 대해서만 그런 것일지라도) 개들이 실제로 서로 대화를 나눌 수 있다는 가능성을 보여 준다.

껑껑거림과 흐느낌은 외롭거나, 배고프거나, 겁나거나 혹은 아픈 새끼 강아지들과 성장기 개들에게서 흔히 들을 수 있는 소리이다. 하지만 복종을 드러내거나 인사, 혹은 관심을 구하는 성견들에게서도 들을 수 있다. 내 어머니가 찾아올 때마다 데려오는 멋진 검은 래브라도 종의 데이지는 꼬리를 격렬하게 흔들고 몇 분 동안 흐느끼며 내 주변을 천천히 서성거렸다. 나는 이 행동을 녀석이 지구상 누구보다도 나를 사랑한다는 뜻으로 받아들였다. 하지만 녀석은 그저 차에서 풀려나온 것이 하늘만큼 땅만큼 기뻤던 것이었을지도 모른다.

뉴기니섬에서는 요들송 같은 소리와 비명 소리를 내는 바센지 견종과 들개를 흔히 볼 수 있다. 이 개들은 대부분의 개들보다 후두가 더 좁아서 음높이를 잘 조절할 수 있기 때문에 이런 소리를 만들어낼 수 있는 것이다. 이 개들은 이런 행동 때문에 선택되었던 것일지도 모른다. 녀석들이 자칼과 하이에나처럼 울음소리를 내서 잠재적 포식자들이 접근하지 못하게 막아 주길 바라는 인간들에 의해서 말이다.

하울링은 늑대들에게는 흔하지만, 허스키와 말라뮤트 같은 늑대와 비슷한 견종들을 제외하면, 개들에게는 상대적으로 거의 드물다. 늑대들은 몇 가지 이유에서 하울링 소리를 낸다고 추측된다. 제 무리에 속한 구성원들의 정확한 위치를 찾기 위해서, (흔히 거대한) 영역을 차지하기 위해, 그리고 다른 무리들에게 떨어져 있을 것을 경고하기 위해 하울링 소리를 내는 것이다. 늑대들은 사냥이나 이동을 위해 무리를 결집시킬 목적으로도 하울링 소리를 낸다. 이런 이유들은 대개 개와는 무관하다. 그 대신 개들은 긴급 사이렌, 비행기, 혹은 저스

짖지 못하는 개들

바센지 견종은 짖지 않는다. 녀석들은 요들송 같은 소리와 비명 소리를 낸다.

틴 비버의 노래를 계기로 하울링 소리를 내기 시작할지도 모른다. 그 이유는 아직 모른다. 또한 개들은 단지 관심을 얻고자 하울링 소리를 내는 것일지도 모른다(그리고 만약 여러분이 개들의 하울링 소리를 멈추려고 애쓰는 중이라면 웬만하면 관심을, 꾸중과 같은 부정적인 관심조차도 녀석들에게 주어서는 안 된다).

개들은 서로 말할 수 있을까?

짖는 것뿐만 아니라, 개에게는 활용 가능한 수많은 의사소통 도구들이 있다. 자세, 표정, 귀 모양, 털 세우기, 눈 마주치기, 가로등 기둥에 배뇨하기 등이 그 예이다. 그리고 개들은 서로 이런 신호들을 인간보다 훨씬 잘 읽어 낸다.

후각적 (냄새) 의사소통은 성별, 건강 상태, 나이, 집단 내 서열, 그리고 정서적 상태에 대한 정보들을 남기는 (그리고 얻는) 개들의 방식이다. 여러분의 반려견은 어디를 가든 소변, 대변, 항문샘의 분비, 그리고 체취를 이용해 생리학적 전달 사항을 퍼뜨릴 것이다. 제 존재와 짝짓기 상대로서의 가능성을 널리 알리기 위해서이다. 녀석은 다른 개들의 사교적 반응과 행동 변화를 촉발시키는 화학물질, 즉 페로몬을 퍼뜨릴 것이다.

그런데 낯선 2마리의 개들이 만나면 어떻게 될까? 2마리의 개들은 자세, 눈 마주치기, 그리고 표정의 복잡한 상호 작용을 활용하여 의사소통한다. 개들이 첫 번째로 확립하는 것은 둘 중 한 개체가 서열이 높은가 여부이며, 이는 눈 마주치기 행동으로 시작된다. 서열이 더 높은 개는 제일 먼저 눈 마주치기 행동을 취한 후 꽤 오랫동안 그 상태를 유지할 것이다. 한편 서열이 낮은 혹은 더 어린 개는 시선을 돌리거나 상대의 시선을 아예 피할 것이다. 이런 방식은 우리에게 약간 원초적으로 들린다 해도, 매우 유용한 방식이다. 일단 서열이 정해지면, 개들은 더 사회화될 수도 있고 잠재적 공격성이 최소화된다. 반면, 한쪽 개가 복종 행동을 취하지 않는다면, 상황이 급속도로 악화될 수도 있다. 드러낸 이빨, 그르렁거리기, 입모(털 세움), 그리고 그 모든 것이 효과가 없다면 물리적 공격이 이어질 수 있다.

그 다음으로는 자세가 작용하는데 이는 또다시 지배와 복종과 관련된다. 지배하는 개는 씩씩하고 꼿꼿하게 서서 귀를 앞을 향해 위로 세우고, 꼬리는 높은 각도에서 흔들며, 아마도 이빨을 살짝 드러내고 상대의 얼굴 쪽으로 머리를 돌려 으르렁거릴 것이다. 복종하는 개는 쭈그리고 앉아서 꼬리의 각도를 낮추고, 귀를 젖히며, 이따금 '복종성 웃음'을 보일 것이다. 또한 이 개는 위협적인 존재가 아니라는 것을 증명하기 위해 지배하는 개를 핥으려고 애쓰고, 몸을 굴려 등을 대고 누울지도 모른다.

개들 사이의 놀이 인사인 '플레이 바우'는 친숙한 개들 사이에서 늘 행할 준비가 되어 있으며, 이는 명백한 놀이 제안이다. 재미있는 사실은 인간은 반려견과 함께 놀고 싶을 때 언제나 어설픈 형태의 놀이 제안을 한다는 것이다. 나도 내가 어설프다는 것을 안다. 완전히 말도 안 되는 소리를 건네며 허리를 구부리고 내 허벅지를 톡톡 치니 말이다.

꼬리 흔들기는 개의 상호 작용에 있어서 중요하지만 의미가 제대로 파악되지 않은 상태이다. 흔히 친숙함 혹은 긍정적인 의미에서의 흥분을 나타내는 신호이지만, 개가 공격할 의사가 있음을 가리킬 수도 있다. 꼬리 흔들기는 특정 맥락에 따라 의미가 다른 행동인 듯 보인다. 각기 다른 개들이 각기 다른 상황에서 각기 다른 것을 의미한다는 것이다. 그러나 다시 한번 말하지만, 연구진이 개들의 공통 언어를 파헤치려 고

군분투하는 데 반해, 개들은 대단히 능숙하게 서로 의사소통
을 하는 것 같다.

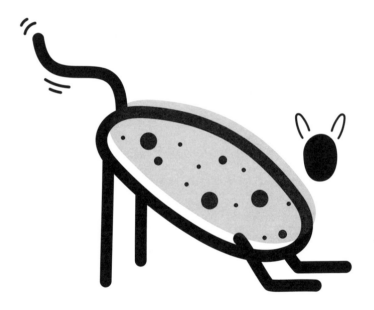

7장

개 그리고 인간

애묘인 vs 애견인

아니면 '300자 이내로 세계 인구의 상당수를 열받게 하는 법'
이라고 제목을 지어도 좋겠다. 물론 개인 성향은 천차만별임
을 잘 알고 있다. 그러니 나처럼 개를 기른다고 해서 그 사람
들이 하나같이 공격적이고, 강압적이며, 병적으로 자기중심
적이라고 말하지는 않겠다. 우리 견주들이 그럴 가능성이 있
다는 정도로만 말하겠다. 잠깐, 내가 애견인이라는 고백은 아
니다. 나는 애견인이자 애묘인이며, 모래쥐도 좋아하고 인간
도 좋아한다. 그러니까 편파적인 사람은 아니다. 스스로를 애
견인과 애묘인으로 규정하는 사람들에 대한 2010년도 한 텍
사스 대학교 연구 논문 결과에 따르면, 애묘인은 애견인보다
덜 협력적이고, 다소 무심하고, 열정적이고 외향적인 면이 부
족하며, 불안과 우울에 시달릴 가능성이 더 크다. 애묘인이

더 전전긍긍하기는 하지만, 그래도 애견인보다 생각이 더 유연하고, 예술적 감각이 더 뛰어나며, 지적인 호기심이 더 강하다. 2015년, 호주 연구진은 개 주인이 경쟁력과 사회적 지배성에 관련된 특질 면에서 고양이 주인보다 더 높은 점수를 받았음을 확인했다. 이 결과는 연구진의 예상과 일치한 것이었다(개들은 더 쉽게 지배되기 때문에 연구진은 개 주인이 더 지배적인 사람일 가능성이 크다고 추정했다). 하지만 연구진은 고양이 주인들이 자기애와 대인 관계의 지배성 면에서 개 주인들 못지않게 높은 점수를 받았음을 함께 확인했다.

2016년, 페이스북은 자체 데이터에 대한 조사 결과를 발표했다(그러니까 이 결과는 페이스북 사용자들에 한정된 것임을 명심하자. 다만 이 회사는 수많은 사람들에 대한 수많은 것들을 알아내는 기이한 능력을 갖추고 있긴 하다). 그리고 다음과 같이 분석했다.

- 애묘인들(30%)은 애견인들(24%)보다 혼자 살 가능성이 더 높다.
- 애견인들은 친구가 더 많다(그러니까, 페이스북으로 친구 맺은 사람 수가 더 많나).

- 애묘인들은 이벤트에 초대받을 가능성이 더 높다.

페이스북은 사용자가 언급한 책들에 있어서, 애묘인은 더 문학적이며(《드라큘라》,《왓치맨》, 그리고《이상한 나라의 앨리스》) 애견인은 더 강하게 개에 사로잡혀 있으면서도 종교적이다 (《말리와 나》와《록키에게 배운 것들》은 모두 개에 대한 내용이며,《목적이 이끄는 삶》과《오두막》은 모두 신에 대한 내용이다). 애견인은 사랑과 성에 대한, 감성을 자극하는 영화를 좋아하지만(〈노트북〉, 〈디어 존〉, 〈그레이의 50가지 그림자〉), 애묘인은 사랑과 성에 관련된 요소가 살짝 가미된, 죽음, 절망감, 그리고 약물에 관한 영화를 좋아한다(〈터미네이터2〉, 〈스콧 필그림〉, 〈트레인스포팅〉).

하지만 페이스북의 데이터는 기분에 대해 다룰 때 확실히 흥미를 끈다(상당히 거슬리기도 한다). 각 반려동물을 키우는 주

사라진 장기

개들에게는 맹장이 없다. 고양이도 없기는 마찬가지이다.

인의 기분에 대한 데이터는 그 반려동물에 대한 고정관념을 그대로 보여 주는 듯하다. 애묘인들은 온라인 게시물에서 무기력, 재미, 그리고 짜증을 표현하는 경우가 훨씬 더 많은 반면, 애견인들은 신남, 자랑스러움, 그리고 '행복'을 표현하는 경우가 더 많음을 이 데이터로 확인할 수 있다.

개를 부양하는 데
얼마나 들까?

개를 기르는 데 드는 비용은 어마어마하다. 연구들에 의해 밝혀진 바로는, 새로 개를 기르는 사람들은 그에 대한 적절한 재정적 부담을 한심할 정도로 낮게 책정한다. 영국에서 개를 기르는 데 필요한 연간 비용은 약 71만~259만 원(445~1,620 파운드)이며 미국에서는 약 86만~279만 원(650~2,115달러)이다. 평균적인 개의 13년 일생 동안 필요한 총비용은 각각 약 927만~3,373만 원(5,785~2만 1,060 파운드) 혹은 약 1,115만 ~3,628만 원(8,450~2만 7,495 달러)이다. 그뿐만 아니라 맨 처음* 반려견을 사는 데 드는 비용을 더해야 한다. 비교하자면,

---

* 〈도그피플(The Dog People)〉에 따르면, 초기 정해진 용품과 동물병원 비용은 약 117만~255만 원(730~1,595파운드)이 될 것으로 추정한다(하지만 미국에서는 약 86만~280만 원(650~2,115달러)정도이다).

동물 보호소인 배터시독스앤캣츠홈은 영국에서 고양이를 돌보는 데 매해 약 160만 원(약 1,000파운드)이, 미국에서는 약 185만 원(약 1,400달러)이 들 것으로 예상한다.

물론 우리가 얼마를 쓰고 싶은가에 따라서 실제 비용은 달라진다. 혈통 있는 강아지를 사는 데에만 약 478만~638만 원(3,000~4,000파운드)이 드는 게 유별난 일이 아니다. 여기에 배터시독스앤캣츠홈의 구조 동물과 비교하면 더 비싼 반려동물 보험비와 털 손질 비용이 붙는다. 그런데 구조 동물은 약 25만~30만 원(155~185파운드) 정도의 기부금으로 입양할 수 있다. 그 이후 계속 드는 비용은 실제 금전적으로 타격을 줄 정도이기는 하지만 말이다. 지출 항목 중 사료 값이 제일 많이 드는 편인데, 영국 견주들의 사료 지출액은 견주가 구매하는 브랜드와 반려견의 요구 사항들에 따라, (특정 영양 요구량이란 비싼 사료를 뜻하는 것일지도 모른다) 매년 약 30만~152만 원(190~950파운드)까지 그 비용 차이가 크다. 또 한 가지 엄청나게 중요한 지출 항목은 반려동물 돌봄이다. 우리가 직장에 있거나 휴가 중일 때 누가 우리의 꾀죄죄쟁이를 돌봐주겠는가? 영국에서 건문 펫시디, 산잭 토우비, 그리고 애견 호텔 이용시 적어도 매년 156만 원(1,000파운드)씩 추가로 들 수 있다. 순전히 애견인의 마음으로 우리를 도와줄 이웃이나 친척이 어딘가 있긴 있겠지만 말이다.

다른 지출 항목에는 정기적으로 나가는 예방 접종 및 건강 검진 비용, 그리고 밥그릇, 개 목걸이, 장난감, 그리고 동물 병원에 갈 때 필요한 여행용 캐리어와 같은 생활용품 비용이 포함된다. 마이크로칩 삽입, 중성화 수술(암캐의 난소 적출/수캐의 거세), 잠자리, 이동장 구입을 아우르는 고정 비용은 말할 것도 없다. 반려견에 대한 보험도 꼭 들어야 한다. 나는 내 사랑

세계에서 가장 비싼 개

2014년, 한 거대한 티베탄 마스티프 견종은 어떤 중국 사업가에 의해 약 25억 원에 팔려서 세계에서 가장 비싼 개가 되었다. 이 희귀한 금빛 털의 마스티프 순혈 종은 체격적으로 완벽한 표본으로 여겨졌다. 전문 브리더 장 껑윈(Zhang Gengyun)은 "이 견종에게는 사자의 피가 흐르고 최고급 마스티프 종의 특징들이 보인다"라고 말했다.

스러운 늙은 고양이 톰에 대한 보험이 소멸되도록 놔 두는 실수를 저질렀고, 그 결과 녀석의 생애 마지막 해에 의료비가 약 482만 원(3,000파운드)이 청구되어 타격이 컸다. 영국에서 개 보험비는 해당하는 개, 정책, 그리고 견주가 사는 지역에 따라 (대도시에서는 더 비싸다) 차등 적용되어 매해 적어도 약 64만 원(400파운드)에서 약 144만 원(900파운드)까지 든다. 다만 나이가 더 많은 개의 경우 보험비가 급등할 수도 있으며, 많은 보험 회사들이 노령견은 보험에 가입시켜 주지 않는다.

우리 집 개에게
재산을 물려줄 수 있을까?

아니다. 그런 셈이다. 여러분은 자금이나 재산을 반려견에게 물려줄 수 없다. 법적으로 동물은 재산이며, 재산은 그 재산의 다른 일부를 소유할 수 없기 때문이다. 몇 가지 선택권들이 있긴 있다. 간단하게 반려견과 자금 일부를 여러분이 신뢰하는 사람에게 물려줄 수 있다. 그 사람이 돈을 개를 돌보는 데 쓸 것을 기대하면서 말이다. 그렇지만 그 사람은 여러분이 기대한 대로 행해야 할 법적인 의무를 갖지는 않을 것이다. 그러므로 정말로 여러분이 확신할 수 있는 사람이어야만 한다. 또한 유언장에 반려견 이름을 명시하는 것만으로 유족들에게 그 유언장을 처리하게 만들 수 있다고 생각하면 안 된다. 여러분이야 원하는 것은 무엇이든지 유언장에 언급할 수 있겠지만 그렇다고 그 유언장 내용이 전부 집행될 수 있다는 뜻은 아니다.

여러분이 반려견을 돌보기로 결정했다면, 그리고 그럴 자금이 있다면, 반려동물 신탁을 설정할 수도 있다. 반려동물 신탁은 더 강력한 효력을 지니지만 돈이 더 많이 드는 합법적 구조이다. 여러분은 반려견, 돈, 그리고 결정적으로 반려견을 돌보는 데 그 돈을 써야 하는 법적 의무를 '새 부양자'에게 물려준다. 새 부양자가 어떻게 해 주기를 원하는지에 대한 상세한 지시 사항들도 덧붙인다. 또한 다른 누군가에게 신탁에 대한 감독을 의뢰할 필요도 있다. 의뢰를 받은 사람은 지시 사항들을 새 부양자에게 강제하고 만약 그가 그것들을 수행하지 못한다면 그를 고소한다. 신탁 감독은 정말 만만치 않은 일이다. 그러므로 여러분은 새로운 부양자와 감독 집행인 모두에게 그 막중한 책임에 걸맞은 많은 돈을 지급하게 될 것이다. 어쩌면 그 대신 여러분의 반려견과 돈을 그냥 동물 보호소나 구조단체에 물려주는 게 낫지 않을까?

인색하기로 악명 높은 미국 호텔 및 부동산 업계의 큰손인 리오나 헴슬리가 2007년에 세상을 떠났을 때, 그녀는 유언장을 통해 약 152억 원(1,200만 달러)을 반려견 트러블에게 물려주려고 애썼다. 하지만 트러블이 유일한 수익자는 아니었다. 왜냐하면 헴슬리가 전체 신탁금의 잔액에 대한 세부 지시 사항들을 함께 남겼는데, 잔액은 약 6조 6,090억~10조 5,728억 원(50억~80억 달러)으로 평가되며, 개들을 돕는 데 쓰일 돈이었다. 유일한 문제라면 그녀의 수탁자들이 돈을 분배하는 최종 결정권을 가졌으며, 그녀의 요청이 유언장 혹은 신탁 문서에 포함되지 않았던 것이었다. 정말 우습게도, 신탁금이 법률상 그녀의 요청을 꼭 따라야 하는 것이 아니게 되었다. 2008년에 판사가 헴슬리가 유언장을 작성할 때 정신적으로 부적절한 상태였다는 판결을 내린 것이다. 그 결과, 반려견 트러블에게 남겨진 대부분의 돈은 헴슬리가 특정하여 상속권을 박탈했던 그녀의 손주들에게 돌아갔으며, 현재 신탁금으로 운용되는 주요 프로그램들 중에 그녀의 반려견과 관련된 것은 아무것도 없다. 그리고 우리에게는 2가지 결론을 남긴다. 1) 인색하지 말자. 2) 피 같은 유언장을 잘 정리하자.

견주는 자신의 개와 닮았을까?

몇몇 연구들이 밝혀낸 바에 따르면, 반려동물과 그 주인은 대개 서로 닮아 있으며, 초면인 사람들과 그들의 반려견을 맞추는 것은 묘하게 쉬운 느낌이다. 그 반려견들이 순종견이라면 좀 더 쉽다(믹스견과 연결시키기는 것은 더 어렵다).

몇 가지 회자되는 이야깃거리들이 있다. 예를 들어 반려견과 견주는 어느 정도 비슷한 눈 모양을 하고 있으며, 긴 머리의 여성은 길고 축 처진 귀의 개를 좋아할 가능성이 더 높고, 몸집이 큰 사람들은 뚱뚱한 반려동물을 기르는 경향이 있다. 다른 연구는 반려동물의 비만 비율이 인간의 비만 비율과 일맥상통하게 증가하고 있음을 보여 준다.

이런 발견들은 다음의 연구 결과와 연결되는 듯하다. 어떤 연구는 인간이 자신을 닮은 사람과 짝을 이루는 것을 선호하며, 반려견과 그 견주를 연결시키는 것과 마찬가지로 초면인 사람들이 커플인지 아닌지를 알아보는 데 놀라울 정도로 뛰어나다는 사실 말이다. 우리가 그렇게 뻔하다는 사실이 살짝 슬프기도 하다.

기이함 그 자체

차이니스 크레스티드 종 개들은 생김새가 아주, 아주 기이하다(오해하지 말길 바란다. 좋은 뜻으로 한 말이다. 만약 우리 모두가 살짝만 더 기이했더라면, 세상은 더 살기 즐거운 곳이었을 것이다). 파우더퍼프 변종의 머리와 꼬리에는 사람의 머리카락 같은 흰 털이 나 있으며 다른 부위는 털 없이 검은 피부가 덮여 있다. 이는 진심으로 매우 놀랍다.

개는 우리 건강에 유익할까?

모두들 개를 기르는 것이 우리의 신체적 그리고 정신적 건강에 유익하다고 말한다. 그렇다면 이 말은 틀림없는 사실일까? 언뜻 보기에는 확실히 그런 것처럼 보인다. 2017년에 발표된 스웨덴의 한 연구에서 40세에서 80세 사이의 340만 명을 추적한 결과, 개를 기르는 사람 중에 심장 질환으로 인한 사망률이 23% 감소한 것, 그리고 12년 넘는 기간 동안 어떤 원인으로든 사망할 위험성이 20% 감소한 것이 개를 기르는 것과 관련 있음을 밝혀냈다. 2019년에 미국심장학회는 "개를 기르지 않는 사람들과 비교해 보면, 개를 기르는 것은 혼자 사는 심장 마비 생존자들의 사망 위험성이 33% 낮아지고 혼자 사는 뇌졸중 생존자들의 사망 위험성이 27% 줄어든 것과 관련 있으며, 견주가 아닌 사람들과 비교하여 개 기르기는 전체 원

조충의 전염

케냐 북서부 투르카나 지역 주민들은 매우 독특한 이유로 세계에서 가장 높은 포충증(단방조충으로 유발되는 질병) 발병률을 보인다. 그들은 개들과 항상 아주 가까이서 생활한다. 개들은 그 지역 아이들과 놀고 아이들을 혀로 닦아 주며(아이들의 똥과 토사물을 먹는 행위를 포함한다) 접시와 취사도구들을 깨끗하게 핥고, 주거지 내부에 배변을 한다. 포충증은 심각한 질병으로서 인간을 사망에 이르게 할 수도 있지만, 반건조 지대에는 물이 부족해서 투르카나 지역 주민들은 그러한 개와의 관계를 변화시키는 것을 꺼린다.

인 사망률의 위험성이 24% 줄어들고 심장 마비나 뇌졸중으로 인한 사망 위험성이 31% 낮아진 것과 관련이 있다"라고 밝혔다.

자, 그래서 개는 우리 건강에 유익한 게 확실할까? 그럴까? 맙소사, 이러다간 내가 여러분에게 미움을 살 것 같다. 정답은 "꼭 유익한 것은 아니다"이다. 여기서 문제는 "개를 기르는 것이 어떤 것과 관련 있나"는 표현에 있다. 랜드 연구소(미국의 비영리 연구 개발 조직)가 실시한 2017년도 한 연구는 반려동물을 기르는 것이 실제로 건강상 이익과 관련이 있지만, 건강상 이익은 다른 혼재변수들(결과를 왜곡시키는 요인들)을 포함하며, 그중 상당수는 사회 경제적 지위와 결부되어 있을지도 모른다고 밝혔다. 더 나은 건강 상태를 가진 사람들의 비율은 곧 반려동물 소유자들이 더 넓은 집과 더 높은 가계 소득을 가졌다는 사실과 더 많은 관련이 있는 듯하다. 게다가 이 두 가지 항목은 공통적으로 의료 혜택과 연결된다.

그리고 개를 기르는 사람들은 애초에 건강 상태가 양호하다는 것도 엄연한 사실이다. 심각한 건강상 문제를 지닌 사람들은 하루 2번 산책을 시켜야 하는 반려동물을 기를 가능성이 더 낮다. 그러므로 연구가 시작되기도 전에 통계들은 왜곡되어 있는 셈이다. "나는 개를 기르고 있다. 고로 나는 건강하다"라기보다는 "나는 건강하다. 고로 나는 개를 기를 것이다"가 더 타당하다는 것이다.

2019년에 환경 분야 학술지 〈환경 연구(Environmental Research)〉에 발표된 한 연구는 오히려 반려동물을 키우는 여성이 폐암으로 죽을 위험성이 2배 높을 수 있다는 관련성을 밝혀냈다. 그리고 세계보건기구에 따르면, 개 물림 사고로 인한 광견병으로 매년 약 5만 9,000명의 사람들이 사망에 이르고 수백만 명의 사람들이 개에 물린다.

하지만 정신 건강상 혜택이 있다는 주장은 어떠할까? 글쎄, 이런 주장 중에 역시 과학적 연구로 뒷받침되는 것들은 그리 많지 않은 듯하다. 반려동물 기르기와 웰빙을 연관시키는, 조잡하게 설계된 연구들이 상당수 존재하는데, 이런 연구들은 대부분 자기 보고된 것들이며 표본 조사 규모가 매우 작다. 그리고 그중 한 연구는 학술 연구원들에 의해서가 아니라 크라우드소싱 플랫폼, '아마존 메커니컬 터크(Amazon Mechanical Turk)'를 통해 실시되었다. 국제 학술지 〈국제 환경 연구 및 공중 보건저널(International Journal of Environmental Research and Public Health)〉에 발표된, 더 공신력 있어 보이는 2020년도의 한 연구는 "우리의 조사 결과는 일반적으로 반려동물 기르기가 건강상 유익한 효과를 지닌다는 개념과 일치하지 않는다"는 결론을 내렸다. 2014년, 〈수의학 행동저널(The Journal of Veterinary Behavior)〉의 또 다른 연구에서는 "개를 키우지 않는 사람들보다 개를 키우는 사람들이 스트레를 너

건강하다고 인식하지만 더 행복하다고 인식하지는 않는다"고 설명했다. 하지만 2019년, 〈앤스로주스(Anthrozoös)〉의 또 다른 연구는 개를 키우는 사람들은 오랫동안 앓은 정신 질환을 보고할 가능성이 낮았지만, 그중에서 결혼하지 않은 견주들은 오래된 정신 질환을 보고할 가능성이 커졌다고 밝혔다.

긍정적인 측면에서 보자면, 몇 가지 연구들은 개를 키우는 사람들이 개를 키우지 않는 사람들보다 더 자주 (그리고 더 오래) 공원을 찾으며, 개와의 상호 작용으로 얻는 옥시토신 분비는 실제로 우리의 정신 건강에 유익할 것이라는 결론을 내린 적이 있다. 2012년도의 한 일본 연구는 개를 기르는 노인들은 그렇지 않은 노인들보다 주당 더 많은 시간을 운동한다고 밝혔다. 2015년에 게재된 스웨덴의 연구는 생후 1년 이내에 개와 지냈던 3세에서 6세 사이 어린이들은 학령기에 도달했을 때 천식이 발생할 확률이 13% 더 낮게 나타난다고 보고했다. 심지어 2016년도 영국의 한 연구는 개에게 큰 소리로 책을 읽어 주는 것이 아이들의 독서 능력 향상으로 이어질 수 있다고 언급했다. "개는 우리 건강에 유익하다"는 주장이 전적으로 옳은 것은 아니지만, 나는 그 주장을 받아들이겠다.

스패니얼의 분노 증후군

아주 드문 상황이긴 해도, 일부 개들은 쉽게 원인불명의 공격성을 보인다. 예기치 못한 공격적 행동과 무는 행동이 급증하는 것이다. 이는 코커 그리고 스프링어 스패니얼 견종들에 주로 영향을 미치는 유전적 특질로 여겨진다.

우리가 외출하면 개는 뭘 할까?

대부분의 개들은 집에 혼자 남겨질 때 어떤 불안감을 느끼는데, 그건 놀라운 일이 아니다. 우리는 개들이 우리에게 의존적이고, 우리와 함께 있기를 원하고, 우리를 사랑하도록, 그러니까 먹을 것, 마실 것, 애정, 동지애, 그리고 놀이와 같은 좋은 것들은 죄다 우리에게 의지하도록 길러 왔기 때문이다. 그래 놓고 우리는 온종일 나가 지낸다.

혼자 남겨졌을 때 반려견이 느끼는 불안감은 우리가 문을 나서기 전에 이미 시작된다. 개들은 인간의 몸짓 언어를 읽는 데 고도로 능숙해서 (심지어 우리는 스스로에게 그런 의도가 없다고 여기는데도) 우리가 집을 떠나기 전에 구사하는 특정한 목소리 톤뿐만 아니라 코트를 가져오고 열쇠, 폰, 지갑, 가방을 확인할 때 벌써 우리 몸의 움직임을 알아차릴 것이다. 반려견의 스트레스 수준은 우리가 떠나고 난 직후 최고조에 달한다. 대개 처음 30분 동안 상태가 가장 안 좋다. 반려견의 심박 수가 증가하고, 호흡이 빨라지며, 스트레스 호르몬인 코르티솔의 수치가 상승하기 때문이다. 만약 당신의 반려견이 그런 성향이라면 곧 짖기, 낑낑거림, 그리고 파괴 행위를 보이기 시작할 것이다. 스트레스와 권태가 유난히 극심하다면, 녀석은 침 흘리기, 배뇨, 반복적 서성거림, 그리고 자해 행동을 할 수도 있다.

혼자 남겨질 때 대처할 수 있도록 여러분이 강아지를 훈련시킬 수도 있다. 다만 어린 시기에 이 문제와 씨름하는 것이 가장 좋다. 혼자 남겨지는 것이 버려지는 것을 의미하는 것이 아니며, 주인이 돌아올 것이라는 사실을 이해하도록 단시간 격리부터 시작해 보자. 여러분이 나가 있는 시간을 서서히 늘리다 보면, 반려견은 아마 그 경험에 둔감해질 것이다. 한 가지 요령은 여러분이 자리를 뜨기 전에 녀석을 과도하게 칭찬해 주지 말라는 것이다. 왜냐하면 이렇게 하는 것은 녀석의 불안감을 더 높이기 때문이다. 또 다른 요령은 주의를 딴 데로 돌리는 간식 흰 장자를 구미하는 것이다. 그리고 이 상자를 여러분이 집을 떠날 때만 꺼내 놓은 다음 여러분이 돌아 오자마자 정리해서 치워 놓는다. 그리고 만약 여러분이 없는 동안 녀석이 뭔가 망가뜨려 놓거나 집안 아무 데나 볼일을 본 다면, 무슨 일이 있어도 녀석을 혼내면 안 된다. 사실 반려견 을 훈련시킬 때 처벌이 건설적인 경우는 설령 있다 해도 극히 드물다. 반려견은 행동과 처벌을 연결 짓지 않으며, 이런 형 태의 고통이 누적되는 것은 외출하는 여러분에 대해 더 불안 을 느끼게 만들 뿐이다.

래브라두들의 출현

래브라두들(래브라도 리트리버와 스탠더드 푸들 교배종)은 호 주에서 아주 인기가 많으며 표준 품종으로 인정받는 중이 다. 이 하이브리드 견종은 빅토리아 안내견학교 소속의 월 리 콘론이 1989년에 개량하여 호주에 소개되었다. 개 알레 르기를 가진 남편을 둔 한 시각장애인 여성에게 적합한 안 내견을 만들고자 한 결과였다. 이전에는 영국의 최고 속도 기록을 보유한 레이서인 도널드 캠벨이 1949년에 이 견종 을 길렀는데, 그 개를 래브라두들이라고 불렀다.

여러분은 반려견이 혼자 남겨지는 것을 극복할 만한 회복 탄력성이 있다고 생각할지도 모른다. 하지만 반드시 그런 것은 아니다. 유튜브에서 '혼자 남겨진 개(dog left alone)'를 찾아만 보아도 사납게 생긴 로트와일러 견종의 개가 견주가 곁에 없을 때 얼마나 고통을 받는지 (그리고 얼마나 변기 물을 마셔 대는지) 확인할 수 있다. * 경고: 맴찢 주의!

개를 기르는 것이
기후에 미치는 영향

개를 기르면 좋은 점이 많지만, 환경에 큰 부담을 주기도 한다. 흔히 개똥은 쓰레기로 매립지에 묻히고, 반려견들은 야생동물 서식지를 파괴하며, 다른 동물들을 공격하거나 겁을 주고 쫓아내어 생물 다양성을 감소시킨다. 하지만 주된 문제는 단연코 반려견들의 먹이가 끼치는 영향이다. 왜냐하면 모든 먹이에는 그것을 생산하고, 수확하고, 포장하여 운송하는 데 에너지가 요구되며, 우리 인간이 스스로 먹을 것을 생산하는 것에도 악영향을 미친다.

2017년도 한 UCLA 연구 결과에 따르면, 미국에서 인간이 소모하는 식이성 에너지 총량의 19% 정도를 개와 고양이가 소모하며, 이로써 인간이 이미 지구에 지우는 생태계적 부담에 19%를 추가한다고 한다. 이 동물들은 인간이 소모하는 동물성 에너지 총량의 약 33%를 소모하고, 인간이 배출하는 분변물 총량의 약 30%를 배출한다. 그리고 동물 생산이 환경에 미치는 전체 영향력의 약 25~30%는 동물들의 생존을 위해 쓰이는 토지, 물, 화석 연료, 인산염 그리고 살생제에 그 책임이 있다고 한다. 논문의 저자는 반려동물 사료가 예외 없이 인간에 의해 소비되지 않는 육류 부산물로 만들어진다는 점을 인정하면서도, 만약 개들이 그 육류 부산물을 먹는 것이 가능하다면, 인간 역시 먹는 것이 가능해야 한다고 논박한다. 솔직히 양, 허파, 그리고 내장은 사람들이 대대적으로 즐겨먹는 부위는 아니기 때문에 그 부위를 먹으려면 문화적 전환을 한바탕 겪어야 할 것이다. 그렇긴 하지만, 그 부위들이 맛있을 수도 있다(나는 특히 허파 같은 부위를 진짜 좋아한다).

이 연구는 다음과 같이 인정한다. "사람들은 반려동물을 사랑한다. 반려동물들은 사람들에게 실질적으로 그리고 인식적으로 큰 혜택을 제공한다…" 그럼에도 우리는 반려동물이 생태학적으로 큰 부담을 준다는 사실을 알고 있어야 하며, 기후에 대한 우리 인간의 영향력을 경감하려면 이 점을 고려해야만 한다. 니턴 배노는 노녁과 생태학의 상대성이라는 새로운 인식의 세계를 열어 주며, 그 속에서 우리는 수량화가 불가능한 정서적 영향(나는 반려견을 아주 많이 사랑한다)과 수량화가 가능한 기후적 영향(내 식이성 에너지 요구량의 19%를 반려견이 추가로 먹는다) 사이의 균형을 맞춰야만 한다. 이런 인식은 우리를 골치 아프게 만들 수도 있다. 결국 이산화탄소 환산 기준 온실가스 배출량을 줄이는 가장 효율적인 방법 중 하나는 자녀의 총수를 줄이는 것이다. 아이를 1명 덜 가질수록 이산화탄소 환산 기준 온실가스 배출량을 연간 58.6톤씩 줄일 수 있다(식단을 채식 위주로 바꾸면 연간 이산화탄소 환산 기준 온실가스 배출량은 고작 0.8톤 줄어든다). 물론 우리는 당연히 자녀를 사랑한다. 자녀를 더 많이 낳았을 때 불이익이 더 큰지 아닌지를 수량화하는 것은 불가능한 일인 동시에 끔찍한 일이기도 하다. 분명 균형을 잡고 논의를 해야 하지만, 이것은 반려동물 수 줄이기에서 갑자기 한 자녀 낳기 정책으로 논점을 건너뛰는 것이 아닌가?

전설의 개들

괴팍한 치와와 렌

치와와는 멕시코 북서부의 산이 많은 광대한 지역으로, 멕시코에서 가장 넓은 주이며 영국 전체 면적보다 2% 더 넓다. 그래서 구글에서 '치와와'에 대한 첫 검색 결과 99개가 세계에서 제일 몸집이 작은 견종에 관한 내용이라는 사실은 분명 어이없는 일이다. 장모 그리고 단모 치와와 변종들은 두 개의 별도 품종으로 간주되며 가장 유명한 치와와의 표본으로는 기막히게 괴팍한 렌 호익(애니메이션 〈렌과 스팀피(The Ren and Stimpy Show)〉의 등장인물)과 1997년부터 2000년까지 패스트푸드 체인점 타코벨의 마스코트이자 영화 〈금발이 너무해 2〉의 애견 브루저의 어미 개로 출연한 지젯이 있다. 둘 다 단모종 치와와들이다.

8장

개 vs 고양이

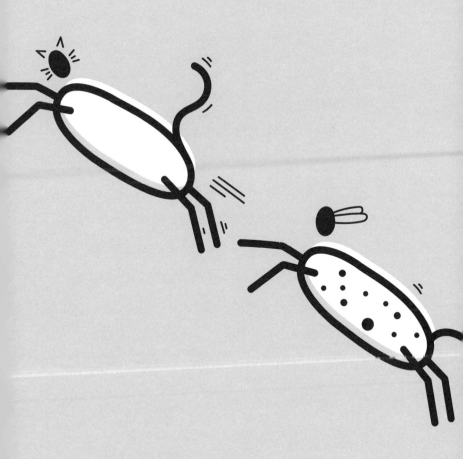

어떤 종이 다른 종보다
더 낫다고 말할 수 있을까?

개냐 고양이냐의 위대한 논쟁에 무턱대고 뛰어들기 전에 잠깐 멈추고 생물학적 개념을 살펴보자. 걱정할 것 없다. 틀림없이 매우 어렵지는 않을 것이다.

다른 손가락들과 마주 보는 엄지손가락, 추상적 사고력, 그리고 멋진 음악적 취향을 겸비한 우리 인간은 스스로를 지구에 사는 모든 생물 종보다 월등하다고 여기기를 좋아한다. 유인원과 돌고래는 인간에 비해 많이 뒤처지지 않았지만, 지렁이와 플랑크톤은 어떨까? 인간이 성취해 온 것에 비해 우리가 지구에 미치는 영향이 너무 크기 때문에 홀로세(마지막 빙하기 이후 인류 문명이 발달했던 1만 2,000년간의 시기)는 현재 끝난 것으로 간주된다. 그리고 인간이 지구에 미치는 두드러진 영향력에 의해 정의되는 새로운 시대인 인류세로 대체된다.

스푼과 포크가 합쳐진 스포크, 셀카봉, 그리고 저스틴 비버를 발명한 인류의 발자취를 따라가다 보면, 다른 생물 종이 우리 인간보다 훨씬 더 완벽하게 만들어졌을 리 없다는 말은 틀린 말이 아니다. 그렇다! 인간들아, 힘내자! 하지만 1950년대에 있었던 방사능 오염으로 시작된 인류세는 이산화탄소 배출의 과속화, 대규모 산림 파괴, 전쟁, 불평등 그리고 세계적인 대멸종이라는 파괴적인 지표들로 규정된다.

반면, 인간이 근근이 20만 년을 존재한 것에 비하면, 지렁이의 조상들은 5번의 대량 절멸에서 살아남아 6억 년 동안 존재해 왔다. 다윈은 흙을 일구고 비옥하게 만들어 우리가 식량을 재배할 수 있도록 해 주는 지렁이가 지구 역사상 가장 비중 있는 주역들 중 한 역할을 맡고 있다고 생각했다. 그렇다면 플랑크톤은 어떨까? 글쎄, 일단 이 숫자들을 살펴보길 바란다. 78억 명의 인간은 정말 보잘것없는 수준이다. 개체수가 2.4×10^{28}인 SAR11 플랑크톤에 비교하면 말이다. 여러분의 이해를 돕기 위해 풀어 쓰자면, 플랑크톤의 개체 수는 24,000, 000, 000, 000, 000, 000, 000, 000마리이다.

그러므로 일반적으로 고양이가 개보나 나은지 묻는 것

은 마치 "나무와 고래 중에 뭐가 더 나아요?"라고 묻는 것처럼 어리석은 질문이다. 나무는 나무다운 것에 뛰어난 법이고 고래는 고래다운 것에 뛰어난 법이다. 지렁이는 인간보다 더 낫거나 더 못하지 않다. 다시 말해, 지렁이는 피부로 호흡하며 땅 밑에 사는 육생의 자웅동체 무척추동물다운 것에 탁월한 셈이다. 그렇다 하더라도 생물 종은 진화적으로 최고의 상태는 아니라고 판단된다. 다만, 언제나 처한 상황과 관련하여 어떤 적응 형태로 존재하는 법이다. 개와 고양이의 가축화 과정은 특히나 흥미롭다. 진화론적 관점에서 이 동물들은 사냥으로 먹고사는 야생 포식자로서 비교적 최근에야 인간의 터

목줄 부상

미국에서는 개 목줄로 인한 부상자가 백만 명당 63.4명 수준으로 치닫고 있다. 가장 흔한 경우는 개가 목줄을 잡아당겨서 발을 헛디디거나 발에 목줄이 엉키는 것 등이다. 그중 3분의 1이 가정에서 벌어진다. 생각해 보면 그것참 희한한 일이다.

전으로 옮겨 왔다. 그러므로 아마 적응하기 시작하는 단계에 겨우 위치해 있을 것이다. 50만 년 후에 다시 확인해 본다면 이 동물들은 생물학적으로 매우 달라져 있을지 모른다. 그리고 인류세가 흘러가고 있는 양상을 살펴보건대, 이 동물들이 사랑했던 인간은 그때 즈음이면 더 이상 존재하지 않을지도 모른다.

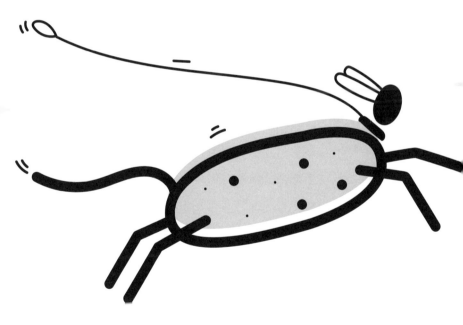

개 vs 고양이:
사회적 그리고 의료적 측면에서

이전 장에서는 개와 고양이를 비교하는 일이 왜 생물학적 개념 원리에 반하는 것인지 설명하는 데 공을 들였다. 하지만 그다지 재밌지는 않았다. 자, 이제 재미 삼아 개와 고양이를 비교해 보자!

인기도

(통계 수치가 그때그때 크게 다르기는 하지만) 영국에서는 고양이보다 개가 훨씬 더 인기가 많다.* 23%의 가정이 적어도 한 마리의 개를 기른다. 16%의 가정이 적어도 한 마리의 고양이를 기른다.

승자: 개

* 영국 사료제조협회의 2020년도 반려동물 개체수 보고서 참조

사랑

개와 고양이를 기르는 주인들은 모두 제 반려동물이라면 아주 사족을 못 쓴다. 하지만 어느 동물이 더 주인을 사랑할까? 신경과학자 폴 잭 박사는 개와 고양이로부터 채취한 타액 샘플들을 분석하여 주인과 함께 즐거운 시간을 보낸 후 어느 동물의 샘플에 옥시토신(사랑과 애착에 관련된 호르몬)이 더 많이 함유되어 있는지를 밝혀냈다. 고양이의 옥시토신 분비 수준은 평균 12%만큼 증가한 반면, 개의 경우 57.2%만큼 크게 상승했다. 이는 6배 더 큰 증가량이다. 잭 박사는 고양이 주인들의 아픈 곳을 꼬집으며 이렇게 언급했다. "고양이가 어쨌든 (옥시토신을) 조금이라도 배출한다는 의외의 사실을 알게 되어 놀라웠다."

승자: 개

지능

평균 62g인 개의 뇌는 평균 25g인 고양이의 뇌보다 크다. 하지만 그렇다고 개가 더 똑똑한 것은 아니다. 향유고래의 뇌는 인간 두뇌 크기의 6배에 달하지만 여전히 지능은 인간보다 낮다고 보는데, 그 이유는 포유동물 가운데 우리 인간이 대뇌 크기에 비례하여 가장 넓은 대뇌피질을 가지기 때문이다(대뇌피질이란 정보 처리, 지각, 감각, 의사소통, 사고력, 언어 그리고 기억을 담당하는 영역을 말한다). 또 다른 지능 척도는 한 동물의 대뇌피질에 있는 신경세포의 개수다. 신경세포는 대단히 흥미로운 세포이다. 신진대사 비용이 높기 때문에 (신경세포는 활동을 유지하는 데 많은 에너지를 소모한다) 신경세포가 많을수록 우리는 음식물을 더 많이 섭취할 필요가 있으며, 이 음식물을 사용 가능한 연료로 전환시키기 위해 더 많은 신진대사 장치를 작동시켜야 한다. 이런 이유로 각각의 생물 종은 꼭 필요한 개수만큼의 신경세포를 가지고 있다. 또한 신경해부학 전

영리한 안내견

안내견은 임무 수행 중일 때와 아닐 때를 잘 구분한다. 게다가 명령에 따라 배변을 할 수 있다. 안내견이 가능한 한 견주의 생활 방식에 적응할 수 있음을 보장하는 것이다.

문지 〈프런티어스 인 뉴로아나토미(Frontiers in Neuroanatomy)〉
에 발표된 한 연구 논문은 개가 고양이보다 대뇌피질 속에

전설의 개들

린 틴 틴

이 저먼 셰퍼드 종의 개는 1918년 9월, 제1차 세계 대전 중 프랑스 전장에서 미 공군 포수였던 상병 리 던컨에 의해 구조된 이후 성공한 할리우드 영화배우가 되었다. 이 개는 프랑스 아이들이 미군 병사들에게 건네주었을 행운의 인형 부적 한 쌍 중 하나의 이름을 따라 린 틴 틴이라 불렀다(나머지 다른 하나의 이름은 네네트였다). 불굴의 노력 끝에 던컨은 린 틴 틴을 한 영화 속 배역에 안착시켰으며 녀석은 계속해서 27편의 영화에 출연했다. 그중 대부분이 무성 영화였다. 린 틴 틴은 1923년에 맡은 첫 주연 역할로 매우 큰 인기를 얻은 덕분에 워너 브라더스사를 파산 위기에서 구했고, 그것이 녀석의 공으로 인정되어 1929년 오스카 남우 주연상을 받았던 것으로 보인다. 그 후 신뢰성을 몹시 지키고 싶었던 아카데미는 사람의 수상을 보장하기 위해 투표를 재개했다.

신경세포를 더 많이 갖고 있음을 밝혀냈다. 고양이가 약 2억 5,000만 개인 것에 비해 개는 약 5억 2,800만 개의 신경세포를 갖고 있다. 인간이 160억 개로 개와 고양이 모두를 능가하긴 하지만 말이다. 측정 방법을 개발했던 연구자는 "저는 어떤 동물이 갖고 있는 신경세포, 특히나 대뇌피질에 있는 신경세포의 절대적 개수가 그 동물이 가진 내면 정신 상태의 풍요로움을 결정한다고 믿습니다…개는 고양이보다 제 목숨을 걸고 복합적이고 융통성이 필요한 일들을 훨씬 더 많이 수행할 수 있는 생물학적 능력을 갖추고 있습니다"라고 말했다.

뇌의 중요 부위는 각각의 동물에게 실제로 가장 중요한 것이 무엇인가에 따라 달라진다. 즉, 개는 무리생활을 하는 동물이므로, 함께 기능하기 위해서 의사소통 기술이 더 요구된다. 이런 기술은 전두엽과 두정엽에 집중되어 있다. 반면 고양이는 단독 생활을 하는 포식자이며, 위기 상황을 모면하는 능력을 다스리려면 운동 기능과 관련된 기술을 더 많이 필요로 할 것이다. 이런 기술은 전두엽의 운동 피질에 집중되어 있다.

승자: 개

편의성

고양이는 사고, 기르고, 먹이고, 또 돌보는 데 돈이 덜 든다. 고양이는 독립적이며, 산책을 시킬 필요가 없고, 또 개보다 훨씬 오랫동안 혼자 집에 있을 수도 있다. 배뇨 및 배변을 기꺼이 집 밖에서 해결할 것이며, 대개 제집 정원에 있지 않는다(우리에게는 잘된 일이지만, 이웃들에게는 그리 잘된 일은 아니다). 그럼 개는 어떨까?

개는 키우기 편치 않다.

승자: 고양이

사회성

고양이는 단독생활을 하며 세력권을 갖는 동물이지만 인간과의 교류에서 생리학적인 이익을 얻는다. 개는 다른 개와 서로 잘 어울리지만, 인간과 함께 있는 것을 더 좋아한다. 개는 수많은 인간의 명령과 요청에 반응하고, 인간과의 신체적인 접촉을 즐긴다. 고양이와의 신체적 접촉과 마찬가지로 개와의 신체적 접촉은 인간에게 생리학적인 이점을 준다.

승자: 개

환경친화성

고양이는 매해 수백만 마리의 새를 죽인다(하지만 이에 따른 영향과 정확한 수치에 대해서는 열띤 논쟁 중이다). 그리고 개와 고양이 모두 생물 다양성을 감소시킬 가능성이 있다. 한편, 개는 더 큰 생태 발자국을 갖는다. 고양이 한 마리에 0.15ha (헥타르)의 토지가 필요한 것에 비해 보통 크기의 개를 먹이는 데에는 연간 0.84ha의 토지가 필요하다.

승자: (틀림없이) 고양이

건강상 이점

개와 고양이 주인 모두 반려동물과 교류하면서 (스트레스 수준을 낮추는 데 도움이 된다) 호르몬상으로 확실한 이익을 얻는다. 그리고 이들은 반려동물을 키우지 않는 사람들보다 더 양호한 면역글로불린 수준을 갖추고 있어서, 잠재적으로 소화관, 기도, 및 요도의 감염을 더 높은 수준으로 예방한다. 하지만 반려동물을 기르는 것과 관련해 더 중대한 건강상의 주장들이 최근 연구들에 의해 제기되었다. 개를 기르는 사람은 고양이를 기르는 사람과 반려동물이 없는 사람보다 운동을 더 많이 하는 경향이 있다. 이런 경향은 심혈관계 위험 요인을 낮추고 심장 마비 후 생존율을 높인다. 하지만 매년 영국에서 약 25만 명의 사람들이 개 물림 사고를 당한 후 경상을 입거나 응급 의료센터를 방문하고 두세 명은 개에게 공격을 받아 숨진다는 사실은 이러한 건강상 이점들을 무색하게 만든다. 세계보건기구에 따르면, 광견병에 걸린 개에 물려 세계적으로 연간 약 5만 9,000명의 사람들이 사망에 이른다고 한다.

승자: 고양이

훈련 가능성

- **개:** 일반적인 개의 경우, 165개의 단어와 동작 기억하기, 공 찾아오기, 앉기, 앞발 내밀기, 점프하기, 주인과 발맞춰 걷기(heel, 각측 보행), 잠자리에 눕기, 뒹굴기, 기다리기, 잘만 하면 글래디 아주머니 다리에 험핑하지 않기를 훈련을 통해 익힐 수 있다.
- **고양이:** 하하하하하하하.

승자: 개

유용성

곡물 창고 혹은 경작지를 소유하고 있거나 쥐가 꼬이는 문제를 안고 있는 소수의 사람들에게 고양이의 쥐 사냥은 큰 도움을 준다. 그 외 사람들에게 쥐 사냥은 다소 거슬리는 행동이다. 한편 새 사냥은 완전 결이 다른 문제이다. 고양이가 우리에게 제공하는 것이라곤 사냥한 새가 전부이다. 고양이와 달리 개는 여러모로 유용하다. 사냥하기, 냄새로 밀수품과 폭발물 찾아내기, 황야에서 자취 따라가기, 병 진단하기, 길을 잃거나 갇혀 있는 사람 구하기, 시각장애인 안내하기, 양 떼 몰기, 집 지키기, 범죄자 뒤쫓기. 그만하겠다. 무슨 뜻인지 알 것이다.

승자: 개

개 vs 고양이: 신체적 측면에서

스피드

치타는 육상에서 가장 빠른 동물로서 시속 117.5km로 달릴 수 있다. 하지만 안타깝게도 고양이는 치타가 아니다. 굳이 뛴다면, 짧게 몰아치듯 한 번에 시속 32~48km를 주파할 수 있을 것 같다. 체면 구기게도 이 스피드는 그레이하운드의 최대 속력인 시속 72km와 비교되지만, 시속 30km로 느릿느릿 걷는 골든 리트리버에 비하면 매우 훌륭하다.

승자: 개

지구력

이 항목에서는 확실히 개가 승자다. 고양이는 매복 포식자로서, 단거리 질주로 사냥감을 덮치기 전까지 참을성 있게 몇 시간 동안 사냥감을 따라다닐 수 있다. 개는 선천적으로 단거리 질주에는 적합하지 않지만 장거리 유산소성 지구력 운동인 추격에는 적합하게 태어났다(공교롭게도 나와 무척 비슷하다). 인간은 빙판과 눈밭을 가로질러 여행할 때 개의 이러한 능력을 마음껏 사용했다. 썰매 *끄는* 개들이 보여 주는 지구력은 상상을 초월한다. 아이디타로드 개썰매 경주에 참가하는 개는 8일에서 최대 15일 동안 인가가 드문 알래스카에서 1,510km를 달린다.

승자: 개

사냥 능력

규칙적으로 먹이를 제공받는데도 거의 대부분의 집고양이는 사냥에 대한 충동과 기술을 간직하고 있다. 그래서 사냥의 완벽성에 있어서 다양한 단계를 보여 주는 쥐와 새를 집에 자주 가져오는 것이다. 정반대로 개는 추격 본능을 갖고 있지만, 대다수 개들의 사냥 능력은 임무를 위해 특수하게 길러지지 않은 이상, 가소롭다는 표현이 어울릴 만한 수준이다. 우리 집 개는 최대 속력으로 정원을 가로질러 우리 집 고양이를 쫓곤 하는데, 일단 고양이를 구석에 몰고 나면 흥이 사라져 고양이가 다시 도망쳐 주길 바란다. 우리 집 고양이로서는 녀석이 녹초가 되길 바랄 뿐이다.

승자: 고양이

발톱 개수

내가 지금 쓸 거리가 없어서 이러는 것이 아니다. 발톱이 그만큼 중요하기 때문이다. 고양이에게 다지증은 비교적 흔하지만 개에게는 드문 증상이다.

승자: 고양이

진화

〈미국국립과학원회보〉에 실린 2015년도 한 연구 논문은 과거에 고양잇과 동물들이 생존 능력에 있어서 갯과 동물들보다 더 나은 적이 있었음을 보여 준다. 갯과 동물은 4,000만 년 전 북아메리카에서 기원했는데, 2,000만 년 전에 이르기까지 이 대륙은 30종 이상의 갯과 동물들의 서식처였다. 고양잇과 동물들이 없었다면 이보다 훨씬 더 많았을 수 있다.

연구진은 접근 가능한 먹이가 걸린 경쟁에서 고양잇과 동물들이 갯과 동물들을 능가함으로써 40종의 갯과 동물들을 절멸시키는 데 결정적인 역할을 했던 반면, 갯과 동물들이 고양잇과 동물을 단 한 종이라도 전멸시켰다는 단서는 없음을 알아냈다. 움츠러들 수 있고 한결같이 날이 선 상태로 유지될 수 있는 고양잇과 동물의 발톱뿐만 아니라 다양한 사냥 수법과 비교해서도 갯과 동물이 경쟁에서 밀렸던 것일지도 모른다. 반면, 갯과 동물의 발톱은 움츠러들 수 없고 언제나 무디다. 이유가 어떻든 간에 이 보고서는 "고양잇과 동물들이 더 효율적인 포식자였던 것이 틀림없다"라고 언급했다. 이는 어느 정도까지는 고양잇과 동물이 확실히 더 낫다는 것을 의미한다.

승자: 고양이

9장

개의 먹이

멍멍개

개가 채식을 하기도 할까?

수천 년 동안 인간들과 동거하면서 그들이 남긴 음식물 찌꺼기를 먹고 산 개들은 (육류에 의존하는) 초육식동물에서 (무엇이나 먹을 수 있는) 잡식동물로 변해 왔다. 육식동물이라는 편견이 억울하게도 말이다. 늑대와 같이 개도 육류 소비에 가장 적합한 짧은 위장관을 갖추고 있지만, 늑대와는 다르게 개는 탄수화물을 분해할 수도 있다. 솔직히 말해서, 대부분의 개들은 채소와 치즈부터 신발과 장난감까지, 입 크기에 맞는 것은 무엇이든지 먹을 것이다. 늑대와 다른 점이란 개가 인간처럼 아밀라아제 효소를 생성한다는 것이다. 아밀라아제는 채소에 든 녹말을 분해하고 개가 곡물에서 영양분을 추출하는 것을 가능하게 한다. 가축화된 개들이 지속적으로 남은 음식 찌꺼기를 먹었고, 이런 습관이 개의 소화계를 변화시켰기 때문에 아마도 이런 능력이 발달된 것 같다.

날카롭고 뾰족한 이빨과 상대적으로 짧은 소화관을 가진 개들은 물리적으로 육식 식단에 더 적합하다(대조적으로 인간은 특별히 복합 탄수화물과 섬유질이 많은 채소를 소화시키기 위한 거대한 소화관을 갖추고 있다). 개들의 이상적인 식단 내역은 단백질 56%, 지질 30% 그리고 탄수화물 14%이다. 개들은 비타민 D뿐만 아니라 타우린과 아르기닌이라는 아미노산 성분들 역시 필요로 한다. 그리고 개들은 이 성분들을 보통 동물의 살코기에서 얻는다. 하지만 영양 보충제로 먹이에 첨가될 수도 있다.

아미노산과 비타민이 보충된, 시판 중인 고단백 베지테리언 및 비건 사료를 활용해서 개를 채식 식단으로 먹이는 것은 가능한 일이다. 하지만 개의 영양적 요구를 충족시키기 위해 부단히 신경 쓸 필요가 있다. 영국 수의사 협회 회장은 "개에게 채식을 먹이는 것은 이론적으로는 가능하지만, 채식은 제대로 이해하기보다 잘못 이해하기가 훨씬 더 쉽다"고 말한다.

개가 뼈에 흥분하는 이유는 뭘까?

개들은 왜 뼈를 먹는 것을 좋아할까? 들인 노력에 비해 돌아오는 것은 작은데 말이다. 사실 뼈는 영양분과 열량이 농축된 골수로 가득 차 있다. 골수는 부드럽고 지방이 많은 해면 조직으로서 포유류와 조류에게는 새로운 혈구를 생성하는 주요 장소이다. 개들은 이 골수에서 훌륭한 영양분을 많이 얻는다. 하지만 많은 개들이 뼈 자체도 먹는다. 뼈는 단단하고 분해하기 어려워서 이렇게 뼈를 먹는 것이 이상해 보인다. 하지만 많은 개들이 그 과정을 완전히 즐긴다. 큼직한 뼈를 남김없이 갉아 먹는 데 몇 시간을 보내는 것이다.

개가 뼈를 그렇게 좋아하는 이유는 아마도 늑대 조상 때문일 것이다. 늦겨울에 먹이가 부족할 때 늑대의 주식인 큰 포유동물들은 다른 때보다 적은 양의 지방을 지니고 있을 것이다. 늑대가 다음 계절까지 살아남으려면 살생을 통해 최대한의 영양분을 얻어야 한다. 그리고 농축된 열량의 가장 마지막 저장소는 골수 속 지방이다. 이 사실은 우물우물 뼈 씹기에 대한 별난 사랑을 가진 늑대가 생존 가능성이 더 높다는 것을 의미한다. 뼈는 탁월한 열량 저장 시스템이기도 하다. 골수는 온전한 뼈 내부에서 양호한 상태로 남아 있을 수 있다. 그렇기 때문에 뼈는 땅속에 묻었다가 나중에 개가 굶주릴 때 (그리고 무리의 다른 개들이 다른 곳으로 사라졌을 때) 다시 파내기에 적합하다.

조언 한마디 하자면, 반려견에게는 익히지 않은 날것 상태의 뼈만 주어야 한다. 뼈를 익히면, 딱딱하고 치밀한 뼈 바깥 껍질이 마르게 된다. 또한 뼈가 부서지면서 개의 입과 장에 해를 입힐 수 있는 날카로운 조각들이 생겨난다.

개는 왜 그렇게 욕심이 많을까?

여러 선진국에서 개의 비만율은 34%에서 59% 사이인데, 개의 비만은 조기 사망과 복합적인 건강 문제로 이어질 수 있다. 하지만 인간의 경우와 마찬가지로 개의 비만은 단순히 식탐과 자제심 부족 때문이 아니라 개의 유전자와도 관련이 있다.

개는 단숨에 엄청난 양의 먹이를 급히 먹어 치우는 늑대 조상과 유사한 능력을 간직하고 있다. 늑대는 고도로 활동적인 무리를 이루어 사는 동물로서 큰 포유동물을 사냥하기 위해 힘을 합친다. 하지만 먹잇감을 가져오자마자 늑대들은 가능한 한 빨리 먹기 위해, 그리고 사체의 질 좋은 부분을 얻기 위해 무리의 다른 개체들과 경쟁한다. 특히나 겨울에는 이런 사체들이 자주 생기지 않을 수도 있다. 그래서 늑대들이 며칠 혹은 몇 주 후가 될지도 모를, 다음 먹잇감이 생길 때까지 살아남으려면 단숨에 충분한 먹이를 먹는 것이 중요하다. 매일 먹이를 제공받는 가축화된 개들 중 상당수가 상대적으로 적게 활동하면서도 급히 먹어 치우는 본능을 유지해 왔으며, 이것이 개의 비만이 폭증하는 결과로 이어진 것이다.

선진국들의 개 중 거의 3분의 2 정도가 과체중이며, 그중 가장 안 좋은 영향을 받는 견종은 래브라도 리트리버이다. 왜 래브라도일까? 국제학술지 〈세포대사(Cell Metabolism)〉에 발표된 2016년도 한 연구는 이에 대한 그럴듯한 해답을 찾아냈다. 래브라도 견종의 4분의 1은 POMC라 불리는 유전자의 돌연변이 복사본을 갖고 있다. POMC 유전자는 먹이를 먹은 후 배고픔 충동을 억제하도록 돕는 단백질을 암호화한다. 이 돌연변이는 확실히 반려동물보다는 안내견과 같은 도우미견으로 선택된 개들에게 더 흔히 나타난다. 그 이유는 훈련 가능성이 높은 래브라도 리트리버 견종이 먹이 보상 훈련에 가장 잘 반응하기 때문임이 거의 확실하다. 인간은 (녀석들은 먹이로 동기 부여가 아주 잘 되기에) 가장 훈련 가능성이 높은 개들을 선택해서 기르기 때문에 우리가 의도치 않게 문제를 더 키워 온 셈이다.

개 사료의 성분은 무엇일까?

2020년, 세계 반려동물 사료 시장의 규모는 약 85조 5,400억 원(548억 파운드)이었던 한편, 영국 사료 시장 단독으로는 그 규모가 약 4조 5,200억 원(29억 파운드)이었다. 최초의 반려동물 사료 광고는 제임스 스프랫에 의해 1860년대에 처음으로 제작되었다. 그는 미국의 사업가로 피뢰침을 팔기 위해 런던으로 출장을 갔다가, 먹을 수 없을 만큼 형편없는 선원용 건빵을 반려견의 먹이로 받은 것을 계기로 엉뚱한 데에 관심이 쏠리게 되었다고 한다. 그는 사료 생산이라는 틈새시장을 발견하고 '미트 피브린 도그 케이크(Meat Fibrine Dog Cakes)'라는 제품 아이디어를 떠올린 것이다. 맛있는 사료 말이다. 그는 처음에는 영국에서, 그리고 미국에서까지 크게 성공했다. 게다가 그가 초창기에 영국에서 고용한 사람들 중 1명이 바로 나중에 회사를 떠나 '크러프츠 도그쇼'를 조직한 쇼찰스 크러프츠였다.

그러나 반려동물 사료 제조사들은 선뜻 개 사료에 적극적으로 달려들지 않는다. 개 사료 시장은 강한 규제를 받는 산업이며 몇몇 규제 기준선들이 턱없이 높기 때문이다. 사료의 원료로 쓰이는 동물들은 도축 시점에서 인간이 먹기에 적합한지 확인받기 위해 수의사의 검사를 통과해야만 한다. 반려동물, 로드킬 희생 동물, 야생동물, 실험 동물, 그리고 모피용 동물은 허용되지 않을 뿐만 아니라 병에 걸린 동물로부터 얻은 육류 역시 사용될 수 없다. 개 사료에는 항상 소고기, 닭고기, 양고기 그리고 생선에서 나온 자투리 살과 파생물 그리고 인간이 소비하기 위해 만들어진 식품에서 나온 부산물들이 섞여 있다. 이 혼합물에는 언제나 간, 신장, 유방, 양, 족발, 그리고 허파가 포함된다. 이런 부위들이 우리에게 그다지 먹음직스럽게 들리지 않을지는 몰라도, 개들은 이 부위들을 아주 좋아한다(늑대는 야생에서 먹잇감을 죽일 때 커다란 근육들을 먹기 전에 흔히 허파, 위벽, 간, 심장 그리고 신장을 먹는다). 핵심적으로 말해, 도축된 동물에서 나오는 쓸 만한 부위는 비릴 데가 전혀 없다는 뜻이기도 하다.

시중에 판매되는 개 사료는 대부분 육류이긴 하지만, 별도의 타우린(개가 체내에서 스스로 만들어낼 수 없는 아미노산), 비타민 A, D, E, K 그리고 다양한 무기염류 같은 영양 첨가제와 함께, 옥수수와 밀과 같은 곡물 또한 추가된다. '곡물 없는' 사료가 추세이긴 하지만 꼭 수의사에게 확인해야 한다. 개는 어딘가에서는 섬유질을 섭취해야 하기 때문이다.

개 습식 사료는 일반적으로 육류와 육류 파생물에 시리얼, 채소, 그리고 타우린과 같은 영양 첨가제를 섞어 만든 다음 미트로프로 조리된다. 조리된 미트로프를 덩어리로 자르고 젤리형 소스나 그레이비 소스와 섞은 후 캔, 트레이, 혹은 파우치에 담는다. 내용물이 담긴 이 용기들을 레토르트(고압 가열살균솥)에 넣고 섭씨 116~130도로 재가열하여 살균한다. 밀봉된 포장 용기는 유통기한이 긴 데다가 놀라울 정도로 멸균된 상태를 유지한다. 캔 용기는 식힌 후에 그 위로 라벨을 붙인다.

개 건식 사료(혹은 키블)는 더 흥미롭다. 습식 사료처럼 건식 사료도 육류와 육류 파생물의 혼합물로 제조된다. 이 원료들을 조리한 후 마른 가루 형태로 빻는다. 그 다음, 시리얼, 채소류, 그리고 영양 첨가제와 섞는다. 여기에 물과 증기가 더해지면서 뜨겁고 두툼한 도우가 완성된다. 이 도우는 압출기(도우를 압축하고 뜨겁게 만드는 거대한 나사)를 통과해 다이(die)라고 불리는 작은 노즐까지 밀려간다. 그리고 이 도우가 찍찍 짜여 나옴과 동시에 회전하는 날에 의해 잘게 썰려 여러 가지 모양을 갖추게 된다. 가열 과정에서 육류 속 영양소 일부가 분해되기 때문에 이 분해된 영양소들은 나중에 다시 추가되어야 한다. 조리된 도우가 짜여 나올 때 압력을 적절히 변화시키면 도우가 부풀려져 키블이 만들어진다. 열을 가해 키블 사료를 건조시킨 다음, 여기에 여러 향료와 영양 첨가제를 뿌려 전체 과정에서 분해된 영양소를 보충한다.

최근 생고기 식단에 대한 추세가 강하게 이어지고 있다. 만약 특별히 관심이 있다면, 생고기 식단을 시작하는 방법에 꼭 주의해야 하며, 이번에도 마찬가지로 연구 결과가 뒷받침되지 않은 견해들을 읽는 것보다는 수의사에게 확인을 해 봐야 한다.

어떤 음식이 개에게 독이 될까?

개에게 절대 먹여서는 안 되는 것들

1. **초콜릿**: 흥분제인 테오브로민과 카페인은 개에게 위험하다.

2. **양파, 쪽파, 그리고 마늘**: 위장 자극과 적혈구 손상을 유발할 수 있다.

3. **커피**: 다시 한번 말하지만, 테오브로민과 카페인은 위험하다.

4. **자일리톨**: 많은 추잉 껌에서 발견되며, 저혈당증과 간 손상을 유발할 수 있다.

5. **아보카도**: 페르신이라 불리는 화합물이 구토와 설사를 유발할 수 있다.

6. **포도와 건포도**: 심각한 간 손상을 유발할 수 있다.

7. **마카다미아 너트**: 개의 근육과 신경계에 악영향을 끼치는 독소가 함유되어 있다.

8. **옥수수 대에 붙어 있는 옥수수:** 옥수수는 소화관에서 막힐 수 있다.

초콜릿과 커피 속 테오브로민과 카페인은 개의 신경계에 나쁜 영향을 주고, 심박 수를 증가시키며, 신부전을 유발하고, 또한 체온을 저하시킬 수 있다. 몸 크기, 흥분제에 대한 민감

강아지가 밝은 녹색으로 태어날 수도 있다

2020년, 한배에서 태어난 이탈리아 강아지들 중 1마리는 눈에 띄는 초록색 엷은 털 빛을 띠며 태어났다. 한편 미국에서는 한 저먼 셰퍼드가 8마리의 강아지들을 낳았는데, 그중 1마리가 라임그린 색이었다. 견주들은 그 강아지에게 헐크라고 이름을 붙였다. 이 이상한 현상은 아마도 태변(갓 태어난 새끼들의 장을 가득 채우고 있으며 흔히 새끼 강아지들의 첫 번째 똥을 이루는 초록색 타르 같은 물질) 혹은 어미 개의 태반에서 온 담록소라 불리는 초록색 색소체와 강아지들이 접촉한 결과일지도 모른다. 색은 대개 몇 주 후면 사라진다.

도, 그리고 녀석들이 먹은 초콜릿 속 네오브로민과 카페인 함량 비율에 따라 개들은 초콜릿에 대해 각기 다르게 반응할 것이다(다크초콜릿은 밀크초콜릿보다 이 성분들을 더 많이 함유하고 있다). 중독의 초기 징후는 과도한 침 흘림, 구토, 그리고 설사이며, 만약 반려견이 초콜릿을 먹은 것으로 의심된다면 가능한한 빨리 수의사에게 연락하는 것이 최선이다.

감사의 글

이 책은 자신의 전문 지식을 지면에 기록해 두었던 무수히 많은 훌륭한 연구자들과 저자들의 노고를 바탕으로 한다. 그리고 내가 참고했던 주요한 논문과 책을 밝히긴 했지만, 이 매력적인 분야를 이해하는 데 없어서는 안 될 수백 가지 문헌들이 더 있었다. 이 분야에 관한 연구 대부분이 정부 지원을 받았으며, 과학 출판사는 이로 인해 엄청난 수익을 창출하면서도 그 지식을 대중에게서 사실상 분리해 놓는 현실이 이상하기도 하고 서글프기도 하다. 더 늦기 전에 이런 관행이 변하기를 기대해 보자.

쿼드릴 출판사의 멋진 사라 라벨, 스테이시 클레워스 그리고 클레어 로치포드에게 정말 감사드린다. 내가 꽂히는 기이한 것들에 대해 대단한 열정을 보여 주었으며 마감일을 준수하지 못하는 내 무능과 나라는 사람 자체를 너그럽게 받아 주었다. 아울러 루크 버드에게도 감사드린다. 또 나른 기이한

프로젝트를 선뜻 맡아 주었다.

어여쁜 내 딸 데이지, 파피, 조지아에게 정말 고맙다. 글을 쓸 수 있게 정원 구석에 나를 혼자 내버려 두었고, 저녁을 먹으며 내가 숨도 쉬지 않고 열정적으로 쏟아내는 과학적 사실들을 꾹 참고 들어주었다. 블루와 치키에게도 고맙다. 서골비 기관, 순막, 털 세기, 다른 종과의 의사소통 그리고 발톱 움츠리는 능력을 테스트하느라 계속 귀찮게 해도 참아 주었다. 브로디 톰슨, 엘리자 헤이즐우드, 그리고 코코 에팅하우젠에게도 감사드린다. 또한 언제나 한결같이 놀랍고도 끝내주게 협조적인 DML 직원들, 잔 크록슨, 보라 가슨, 루 레프트위치, 그리고 메건 페이지에게도 감사드린다.

마지막으로 우리 공연을 보러 와 주었던, 그리고 단원들이 무대 위에서 실시간으로 아주 환상적이고 구역질나는 과학을 파헤치는 동안 박장대소해 주었던 뛰어난 청중 여러분께 정말 감사드린다. 사랑합니다, 여러분.

참고 문헌

이 책을 쓰면서 책, 기사, 그리고 연구 논문 등 방대한 양의 자료를 섭렵했다. 이 모든 참고 문헌의 뛰어난 저자들에게 신세를 진 셈이다(목록에 극히 일부 자료들만 게재된 점 사과드린다). 광범위한 결과들 중에는 완전히 모순되는 것들도 있었다. 하지만 그것이 과학 연구의 본질이다. 방법론이 바뀌면 결과의 속성도 바뀌는 법이다. 그래서 나와 같은 과학 커뮤니케이터들은 가능한 한 폭넓게 읽고, 그 타당성과 맥락을 가늠하여, 사실에서 벗어나지 않길 바라면서, 정보들을 헤치고 나간다. 수의과 전문가들에게서 나온 의견이라 할지라도, 과학적 연구 결과와 의견을 매우 명확하게 구분하여 전달하기 위해 최선의 노력을 기울였다. 개에 대해 배울 것들은 이것보다 훨씬 더 많으며, 새로 발표되는 모든 연구 논문은 우리가 개를 더 많이 이해하고 더 잘 돌보는 데 도움이 되고 있다.

● 전체

'광견병: 전염병학 및 질병 부담'

who.int/rabies/epidemiology/en/

'공격적인 개-인간 상호작용에 대한 위험 요인을 조사하기 위한 메타 분석 연구'
　　(DEFRA)

sciencesearch.defra.gov.uk/Default.aspx?Menu=Menu& Module=More&Locati
　　on=None&Completed=0&ProjectID=16649

'애완동물 인구 2020' (PFMA)

pfma.org.uk/pet-population-2021

'PDSA 동물 복지(PAW) 보고서 2020' (PDSA/YouGov)

pdsa.org.uk/media/10540/pdsa-paw-report-2020.pdf

YouGov를 통해 진행된 2020년 PDSA(People's Dispensary for Sick Animals)
　　설문 조사는 놀라울 정도로 포괄적이며 표본 크기가 더 큰 PDSA와 매우 다른
　　결과를 보여 줍니다. 즉, 고양이 1,090만 마리에서 개 1,010만 마리를 보여
　　줍니다. 그러나 그것이 데이터를 제시하는 방식은 나를 조금 조심스럽게
　　만들었습니다.

'애완동물 산업 시장 규모 및 보유 통계' (미국 애완동물 제품 협회)

americanpetproducts.org/press_industrytrends.asp

'애완동물 소유권 글로벌 GfK 조사' (GfK, 2016)

cdn2.hubspot.net/hubfs/2405078/cms-pdfs/fileadmin/user_upload/
　　country_one_pager/nl/documents/global-gfk-survey_pet-
　　ownership_2016.pdf

'고대 유럽 개 게놈은 초기 신석기 시대 이후 연속성을 드러낸다' by Laura R
　　Botigué et al, Nature Communications 8, 16082 (2017)

nature.com/articles/ncomms16082

'개 학교'

dogstrustdogschool.org.uk/facts-and-figures/

'개는 어떤 의미에서 특별한가? 비교 맥락에서의 개 인지' by Stephen EG Lea &
　　Britta Osthaus, Learning & Behavior 46 (2018), pp335-363

link.springer.com/article/10.3758%2Fs13420-018-0349-7

● 1장 개는 어떤 동물일까?

'개 가축화 및 사람과 개의 아메리카 대륙으로의 이중 분산' by Angela R Perri et
al, Proceedings of the National Academy of Sciences of the United States
of America 118(6) (2021), e2010083118

pnas.org/content/118/6/e2010083118

'야생 늑대의 식이 영양 프로필: 최적의 개 영양에 대한 통찰력' by Guido Bosch,
Esther A Hagen-Plantinga, Wouter H Hendriks, British Journal of Nutrition
113(S1) (2015), ppS40–S54

pubmed.ncbi.nlm.nih.gov/25415597/

'포획된 여우의 사회적 인지 진화는 실험적 가축화와 상관관계가 있다' by Brian
Hare et al, Current Biology 15(3) (2005), pp226–230

sciencedirect.com/science/article/pii/S0960982205000928

'개 가축화 및 사람과 개의 아메리카 대륙으로의 이중 분산' by Angela R Perri et
al, Proceedings of the National Academy of Sciences of the United States
of America 118(6) (2021), e2010083118

pnas.org/content/118/6/e2010083118

'늙은 개의 새로운 시각: Bonn-Oberkassel reconsidered' by Luc Janssens et al,
Journal of Archaeological Science 92 (2018), pp126–138

sciencedirect.com/science/article/abs/pii/S0305440318300049

'개는 한 번이 아니라 두 번 길들여졌다… 세계 여러 지역에서' ox.ac.uk/
news/2016-06-02-dogs-were-domesticated-not-once-twice%E2%80%A6-
different-parts-world#

'옥시토신 시선 포지티브 루프와 인간-개 유대의 공진화' by Miho Nagasawa et
al, Science 348: 6232 (2015), pp333–336

science.sciencemag.org/content/348/6232/333

'인간과 개 사이의 친화적 행동의 신경생리학적 상관관계' by JSJ Odendaal & RA
Meintjes, The Veterinary Journal 165:3 (2003), pp296–301

sciencedirect.com/science/article/abs/pii/S109002330200237X?via%3Dihub

'옥시토신은 사물 선택 작업에서 집개(Canisfamiliis)의 인간 사회적 신호의 적절한
사용을 향상시킵니다' by JL Oliva, JL Rault, B Appleton & A Lill,
Animal Cognition 18 (2015), pp 767–775

link.springer.com/article/10.1007/s10071-015-0843 7

'개들은 어떻게 우리의 마음을 훔쳤는가'

sciencemag.org/news/2015/04/how-dogs-stole-our-hearts

'Structural variants in genes associated with human Williams-Beuren
    syndrome underlie stereotypical hypersociability in domestic dogs' by
    Bridgett M vonHoldt et al, Science Advances 3:7 (2017), e1700398

advances.sciencemag.org/content/3/7/e1700398

'인간과 개 사이의 친화적 행동의 신경생리학적 상관관계' by JSJ Odendaal & RA
    Meintjes, The Veterinary Journal 165:3 (2003), pp296–301

sciencedirect.com/science/article/abs/pii/S109002330200237X?via%3Dihub

'개에 대한 사랑을 위해: 반려견이 애정을 위해 진화한 방법'

newscientist.com/article/mg24532630-700-for-the-love-of-dog-how-our-
    caninecompanions-evolved-for-affection/

● 2장 개 해부학

'망막 원추형 광수용체에서 크립토크롬 1은 포유류에서 새로운 기능적 역할을
    제시한다' by Christine Nießner et al, Scientific Reports 6, 21848 (2016)

nature.com/articles/srep21848

'개는 지구 자기장의 작은 변화에 민감하다's magnetic field' by Vlastimil Hart et
    al, Frontiers in Zoology 10:80 (2013)

frontiersinzoology.biomedcentral.com/articles/10.1186/1742-9994-10-80

'포인터 개: 남북 자력선을 따라 똥을 싸는 새끼들'

livescience.com/42317-dogs-poop-along-north-south-magnetic-lines.html

'개와 영장류의 눈에서 자기 수용 분자 발견'

brain.mpg.de//news-events/news/news/archive/2016/february/article/
    magnetoreception-molecule-found-in-the-eyes-of-dogs-and-primates.html

'강아지의 체중-체표면적 변환'

msdvetmanual.com/special-subjects/reference-guides/weight-to-body-
    surfacearea-

conversion-for-dogs

'가속 구동 개방형 펌핑을 사용하여 개들이 무릎을 꿇는다' by Sean Gart, John
    J Socha, Pavlos P Vlachos & Sunghwan Jung, Proceedings of the National
    Academy of Sciences of the United States of America, 112(52) (2015),

15798–15802

pnas.org/content/112/52/15798

● 3장 조금은 고약한 개의 몸

'개와 고양이 영양의 차이'

en.engormix.com/pets/articles/the-difference-between-dog-t33740.htm

'소화관 비교'

cpp.edu/honorscollege/documents/convocation/AG/AVS_Jolitz.pdf

'개 오염'

hansard.parliament.uk/Commons/2017-03-14/debates/EB380013-5820-
   42A0-A7B9-29FF672000CE/DogFouling

'수컷 개 소변 표시: 정직한가 아니면 부정직한가?' by B McGuire, B Olsen, KE
   Bemis, D Orantes, Journal of Zoology 306:3 (2018), pp163–170

zslpublications.onlinelibrary.wiley.com/doi/abs/10.1111/jzo.12603?af=R

'개 구강 미생물군집' by Floyd E Dewhirst et al, PLOS ONE 7(4) (2012), e36067

journals.plos.org/plosone/article?id=10.1371/journal.pone.0036067

'코가 모를 때: 건강, 관리 및 미생물군과의 잠재적 연관성과 관련된 개의 후각
   기능' by Eileen K Jenkins, Mallory T DeChant & Erin B Perry, Frontiers in
   Veterinary Science 5:56 (2018)

ncbi.nlm.nih.gov/pmc/articles/PMC5884888/

'집 개들 간의 동적 상호작용' by John WS Bradshaw & Amanda M Lea,
   Anthrozoös 5:4 (1992), pp245–253

tandfonline.com/doiabs/10.2752/089279392787011287?journalCode=rfan20

'탄자니아 세렝게티 평원의 아프리카 들개(Lycaon pictus) 1967~1978'의 사회
   조직' by Lory Herbison Frame, James R Malcolm, George W Frame & Hugo
   Van Lawick, Ethology 50:3 (1979), pp225–249

onlinelibrary.wiley.com/doi/abs/10.1111/j.1439-0310.1979.tb01030.x

'보츠와나 북부 아프리카 야생견의 영토 및 냄새 표시 행동' by Margaret Parker,
   Graduate Student Theses, Dissertations, & Professional Papers, 954
   (University of Montana, 2010)

scholarworks.umt.edu/cgi/viewcontent.cgi?article=1973&context=etd

● 4장 개의 행동에 관한 아주 이상한 과학

'죄가 있는 표정"의 명확화: Salient는 익숙한 개 행동을 유도합니다.' by Alexandra Horowitz, Behavioural Processes 81:3 (2009), pp447–452

sciencedirect.com/science/article/abs/pii/S0376635709001004

'개의 죄책감과 관련된 행동에 대한 행동 평가 및 소유자 인식' by Julie Hecht, Ádám Miklósi & Márta Gács, Applied Animal Behaviour Science 139 (2012), pp134–142

etologia.elte.hu/file/publikaciok/2012/HechtMG2012.pdf

'개에 대한 질투' by Christine R Harris & Caroline Prouvost, PLOS ONE 9(7) (2014), e94597

journals.plos.org/plosone/article?id=10.1371/journal.pone.0094597

'개들은 공정함을 이해하고 질투하며 연구 결과를 얻는다'

npr.org/templates/story/story.php?storyId=97944783&t=1608741741655

'닥치고 나를 쓰다듬어 주세요! 개는 음성 칭찬보다 애무를 선호한다' by Erica N Feuerbacher & Clive DL Wynn, Behavioural Processes 110 (2015), pp47–59

blog.wunschfutter.de/blog/wp-content/uploads/2015/02/Shut-up-and-pet-me.pdf

'다양한 음향 자극 처리를 위한 개의 반구 특성화' by Marcello Siniscalchi, Angelo Quaranta & Lesley J Rogers, PLOS ONE 3(10) (2008), e3349

journals.plos.org/plosone/article?id=10.1371/journal.pone.0003349

'개 뇌의 측면화된 기능' by Marcello Siniscalchi, Serenella D'Ingeo & Angelo Quaranta, Symmetry 9(5) (2017), 71

mdpi.com/2073-8994/9/5/71/htm

'개는 개와 인간의 감정을 인식한다' by Natalia Albuquerque et al, Biology Letters 12:1 (2016)

royalsocietypublishing.org/doi/10.1098/rsbl.2015.0883

'수컷이 아닌 암컷 개는 크기 불변성 위반에 반응한다' by Corsin A Müller et al, Biology Letters 7:5 (2011)

royalsocietypublishing.org/doi/10.1098/rsbl.2011.0287

'뇌 크기는 포유류 육식동물의 문제 해결 능력을 예측한다' by Sarah Benson-Amram et al, Proceedings of the National Academy of Sciences of the United States of America 113(9) (2016), 2532–2537 pnas.org/content/113/9/2532

'자유롭게 돌아다니는 개는 복잡한 인간 포인팅 신호를 활용할 수 있다' by
Debottam Bhattacharjee et al, Frontiers in Psychology 10:2818 (2020)

frontiersin.org/articles/10.3389/fpsyg.2019.02818/full

'옥시토신 시선 포지티브 루프와 인간-개 유대의 공진화' by Miho Nagasawa et
al, Science 348:6232 (2015), pp333–336

science.sciencemag.org/content/348/6232/333

'개의 선택 유전체학과 개와 인간 사이의 평행 진화' by Guo-dong Wang et al,
Nature Communications 4, 1860 (2013)

nature.com/articles/ncomms2814

'익숙한 냄새: 친숙하고 익숙하지 않은 인간과 개 냄새에 대한 개 뇌 반응에
대한 fMRI 연구' by Gregory S Berns, Andrew M Brooks & Mark Spivak,
Behavioural Processes 110 (2015), pp37–46

sciencedirect.com/science/article/pii/S0376635714000473

'개는 개와 인간의 감정을 인식한다' by Natalia Albuquerque et al, Biology
Letters 12:1 (2016)

royalsocietypublishing.org/doi/10.1098/rsbl.2015.0883

'보호견(Canisfamiliis)에서 혈청 세로토닌 농도와 개-인간 사회적 상호 작용
사이의 연관성에 대한 탐색적 연구' by Daniela Alberghina et al, Journal of
Veterinary Behavior 18 (2017), pp96–101

sciencedirect.com/science/article/abs/pii/S1558787816301514

'인간의 고통에 대한 애완견의 공감적 반응: 탐색적 연구' by Deborah Custance &
Jennifer Mayer, Animal Cognition 15 (2012), 851–859

academia.edu/1632457/Empathic_like_responding_by_domestic_dogs_Cani
s_familiaris_to_distress_in_humans_an_exploratory_study

'원숭이와 개에 의한 인간에 대한 제3자 사회적 평가' by James R Anderson et al,
Neuroscience & Biobehavioral Reviews 82 (2017), pp95–109

sciencedirect.com/science/article/abs/pii/S0149763416303578

'개와 인간 뇌의 음성 감지 영역은 비교 fMRI에 의해 드러난다' by Attila Andics et
al, Current Biology 24:5 (2014), pp574–578

sciencedirect.com/science/article/pii/S0960982214001237?via%3Dihub

'인간의 고통에 대한 애완견의 공감적 유사 반응: 탐색적 연구' by Deborah

Custance & Jennifer Mayer, Animal Cognition 15 (2012), 851 859

academia.edu/1632457/Empathic_like_responding_by_domestic_dogs_Cani
s_familiaris_to_distress_in_humans_an_exploratory_study

'개는 인간 얼굴의 감정 표현을 구별할 수 있다' by Corsin A Müller, Kira Schmitt,
Anjuli LA Barber & Ludwig Huber, Current Biology 25:5 (2015), pp601–605

sciencedirect.com/science/article/pii/S0960982214016935?via%3Dihub

'늑대의 전염성 하품의 사회적 조절' by Teresa Romero, Marie Ito, Atsuko Saito
& Toshikazu Hasegawa, PLOS One 9(8) (2014), e105963

ncbi.nlm.nih.gov/pmc/articles/PMC4146576/

'개의 전염성 하품에 대한 친숙성 편향과 생리적 반응은 공감에 대한 연결을
지원한다' by Teresa Romero, Akitsugu Konno & Toshikazu Hasegawa, PLOS
One 8(8) (2013), e71365

journals.plos.org/plosone/article?id=10.1371/journal.pone.0071365

'개는 인간의 하품을 관찰한다' by Ramiro M Joly-Mascheroni, Atsushi Senju &
Alex J Shepherd, Biology Letters 4:5 (2008)

royalsocietypublishing.org/doi/10.1098/rsbl.2008.0333

'개의 하품 전염과 감정적 연결성 가설에 대한 테스트' by Sean J O'Hara & Amy V
Reeve, Animal Behaviour 81:1 (2011), pp335–40

sciencedirect.com/science/article/abs/pii/S0003347210004483

'반려견(Canisfamiliis)의 청각 전염성 하품: 사회적 조절에 대한 최초의 증거' by
Karine Silva, Joana Bessa & Liliana de Sousa, Animal Cognition 15:4 (2012),
pp721–4

pubmed.ncbi.nlm.nih.gov/22526686/

'반려견(Canis Fabris)의 친숙성 관련 또는 스트레스 기반 전염성 하품? 일부 추가
데이터' by Karine Silva, Joana Bessa & Liliana de Sousa, Animal Cognition
16 (2013), pp1007–1009

link.springer.com/article/10.1007/s10071-013-0669-0

'전염성 하품, 사회적 인지 및 각성: 인간 하품에 대한 보호견의 반응 기본
과정에 대한 조사' responses to human yawns' by Alicia Phillips Buttner &
Rosemary Strasser, Animal Cognition 17:1 (2014), pp95–104

pubmed.ncbi.nlm.nih.gov/23670215/

'포인터 도그의 기본 수면-각성 패턴' by EA Lucas, EW Powell & OD Murphree,

Physiology & Behavior 19(2) (1977), pp285–91

pubmed.ncbi.nlm.nih.gov/203958/

'빠른 안구 운동 수면 중 깨어 있는 해마 앙상블 활동의 일시적으로 구조화된 재생'
by Kenway Louie & Matthew A Wilson, Neuron 29 (2001), pp145–156

cns.nyu.edu/~klouie/papers/LouieWilson01.pdf

'개들은 왜 놀까? 집개 놀이의 기능 및 복지 영향' by Rebecca Sommerville, Emily
A O'Connor & Lucy Asher, Applied Animal Behaviour Science 197 (2017),
pp1–8

sciencedirect.com/science/article/abs/pii/S0168159117302575

'Intrinsic ball retrieving in wolf puppies suggests standing ancestral variation
for human-directed play behavior' by Christina Hansen Wheat & Hans
Temrin, iScience 23:2 (2020), 100811

sciencedirect.com/science/article/pii/S2589004219305577?via%3Dihub

'늑대 강아지의 고유한 공 검색은 인간이 지시하는 놀이 행동에 대한 조상의
변이를 암시한다' by Camille Ward, Erika B Bauer & Barbara B Smuts, Animal
Behaviour 76:4 (2008), pp1187–1199

sciencedirect.com/science/article/pii/
S0003347208002741?via%3Dihub#bib19

'다람쥐원숭이 놀이싸움: 놀이를 위한 인지훈련 기능의 사례 만들기' by
Maxeen Biben in Animal Play: Evolutionary, Comparative, and Ecological
Perspectives by M Bekoff & JA Byers (Eds) (Cambridge University Press,
1998), pp161–182

psycnet.apa.org/record/1998-07899-008

'싸움 놀이는 야생 미어캣의 후속 싸움 성공에 영향을 미치지 않는다' by Lynda L
Sharpe, Animal Behaviour 69:5 (2005), pp1023–1029

sciencedirect.com/science/article/abs/pii/S0003347204004609

'개들의 강박적인 꼬리 추적에 대한 환경적 영향'

journals.plos.org/plosone/article?id=10.1371/journal.pone.0041684

● 5장 개의 감각

'후각의 과학: 질병 냄새를 맡는 개'

understandinganimalresearch.org.uk/news/research-medical-benefits/thescienceof-

sniffs-disease-smelling-dogs/

'개를 통한 인간 방광암의 후각 탐지: 원리 증명 연구' by Carolyn M Willis et al, BMJ 329(7468):712 (2004)

ncbi.nlm.nih.gov/pmc/articles/PMC518893/

의료 탐지견

https://www.medicaldetectiondogs.org.uk/

'개(Canisfamiliis)는 무엇을 봅니까? 개의 시력에 대한 검토와 인지 연구에 대한 시사점' by Sarah-Elizabeth Byosiere, Philippe A Chouinard, Tiffani J Howell & Pauleen C Bennett, Psychonomic Bulletin & Review 25 (2018), pp1798–1813

link.springer.com/article/10.3758/s13423-017-1404-7

6장 개의 언어

'환경 문제로서 개 짖음' by CL Senn & JD Lewin, Journal of the American Veterinary Medicine Association 166(11) (1975), pp1065-1068.

europepmc.org/article/med/1133065

'개가 직접 하는 연설: 우리는 왜 그것을 사용하고 개들은 그것에 주의를 기울이는가?' by Tobey Ben-Aderet, Mario Gallego-Abenza, David Reby & Nicolas Mathevon, Proceedings of the Royal Society B 284:1846 (2017)

royalsocietypublishing.org/doi/10.1098/rspb.2016.2429

'개의 어휘 처리를 위한 신경 메커니즘' by Attila Andics et al, Science 10.1126/science.aaf3777 (2016)

pallier.org/lectures/Brain-imaging-methods-MBC-UPF-2017/papers-forpresentations/Andics%20et%20al.%20-%202016%20-%20Neural%20mechanisms%20for%20lexical%20processing%20in%20dogs.pdf

"닥치고 나를 쓰다듬어주세요! 개는 음성 칭찬보다 애무를 선호한다" by Erica N Feuerbacher & Clive DL Wynn, Behavioural Processes 110 (2015), pp47–59

blog.wunschfutter.de/blog/wp-content/uploads/2015/02/Shut-up-and-pet-me.pdf

● 7장 개 그리고 인간

'자칭 '개 사람'과 '고양이 사람'의 성격' by Samuel D Gosling, Carson J Sandy &
  Jeff Potter, Anthrozoös 23(3) (2010), pp213-222
researchgate.net/publication/233630429_Personalities_of_Self-Identified_Do
  g_People_and_Cat_People
'고양이 사람, 개 사람' (페이스북 리서치)
research.fb.com/blog/2016/08/cat-people-dog-people/
'주인은 잡종견과 순종견의 차이를 인식했다' by Borbála Turcsán, Ádám Miklósi
  & Enikő Kubinyi, PLOS ONE 12(2) (2017), e0172720.
journals.plos.org/plosone/article?id=10.1371/journal.pone.0172720
'공격적인 개 소유자와 비공격적인 개 소유자의 성격' by Deborah L Wells & Peter
  G Hepper, Personality and Individual Differences 53:6 (2012), pp770–773
sciencedirect.com/science/article/abs/pii/S0191886912002875?via%3Dihub
'유유상종? 주인-개의 성격 일치' by Borbála Turcsán et al, Applied Animal
  Behaviour Science 140:3–4 (2012), pp154–160
sciencedirect.com/science/article/abs/pii/S0168159112001785?via%3Dihub
'개와 고양이 사람의 성격 특성' by Rose M Perrine & Hannah L Osbourne,
  Anthrozoös 11:1 (1998), pp33–40
tandfonline.com/doi/abs/10.1080/08927936.1998.11425085
'2023년 개 소유 비용'
rover.com/blog/uk/cost-of-owning-a-dog/
'개는 주인을 닮았나요??' by Michael M Roy & JS Christenfeld Nicholas,
  Psychological Science 15:5 (2004)
journals.sagepub.com/doi/abs/10.1111/j.0956-7976.2004.00684.x
'자기 추구: 많은 인간은 선별 교배에 사용되는 규칙에 따라 애완견을 선택한다' by
  Christina Payne & Klaus Jaffe, Journal of Ethology 23 (2005), pp15–18
link.springer.com/article/10.1007/s10164-004-0122-6
'개 소유와 심혈관 질환 및 사망 위험 - 전국 코호트 연구' by Mwenya Mubanga
  et al, Scientific Reports 7 (2017), 15821
nature.com/articles/s41598-017-16118-6?utm_medium=affiliate&utm_sourc
  e=commission_junction&utm_campaign=3_nsn6445_deeplink_PID10008
  0543&utm_content=deeplink

'특히 심장마비와 뇌졸중 생존자 사이에서 개를 소유하면 장수와 관련이 있다'
newsroom.heart.org/news/dog-ownership-associated-with-longer-life-
  especiallyamong-heart-attack-and-stroke-survivors
'반려동물을 키우는 것이 건강에 좋은 이유'
health.harvard.edu/staying-healthy/why-having-a-pet-is-good-for-your-
  health
'개에게 책을 읽어 주는 어린이: 문학의 체계적 고찰' by Sophie Susannah Hall,
  Nancy R Gee & Daniel Simon Mills, PLOS ONE 11(2) (2016), e0149759
journals.plos.org/plosone/article?id=10.1371/journal.pone.0149759
'개 소유 및 심혈관 건강: Kardiovize 2030 프로젝트의 결과' by Andrea Maugeri
  et al, Mayo Clinic Proceedings: Innovations, Quality & Outcomes 3:3 (2019),
  pp268-275
sciencedirect.com/science/article/pii/S2542454819300888
'개 소유의 이점: 동등한 샘플의 비교 연구' by Mónica Teresa González Ramírez
  & René Landero Hernández, Journal of Veterinary Behavior 9:6 (2014),
  pp311-315
pubag.nal.usda.gov/catalog/5337636
'애완동물 소유 및 폐암으로 인한 사망 위험, 미국 국가 코호트의 18년 추적 조사
  결과' by Atin Adhikari et al, Environmental Research 173 (2019), pp379-
  386
sciencedirect.com/science/article/abs/pii/S0013935119300416
'외상 위험이 있는 직업에서 개 소유, 정신 병리학적 증상 및 건강상의 이점 사이의
  관계' by Johanna Lass-Hennemann, Sarah K Schäfer, M Roxanne Sopp &
  Tanja Michael, International Journal of Environmental Research and Public
  Health 17(7): 2562 (2020)
ncbi.nlm.nih.gov/pmc/articles/PMC7178020/
'개들은 왜 놀까? 집개 놀이의 기능 및 복지 영향' by Rebecca Sommerville, Emily
  A O'Connor & Lucy Asher, Applied Animal Behaviour Science 197 (2017),
  pp1-8
sciencedirect.com/science/article/abs/pii/S0168159117302575
'개를 공원에 데려가면 신체 활동에 도움이 된다' by Jenny Veitch, Hayley
  Christian, Alison Carver & Jo Salmon, Landscape and Urban Planning 185

(2019), pp173–179

sciencedirect.com/science/article/abs/pii/S0169204618312805

'개들의 분리불안'

rspca.org.uk/adviceandwelfare/pets/dogs/behaviour/
separationrelatedbehaviour

'개와 고양이의 음식 소비가 환경에 미치는 영향' by Gregory S Okin, PLOS ONE
12(8) (2017), e0181301

journals.plos.org/plosone/article?id=10.1371/journal.pone.0181301

'반려견과 고양이의 생태 발자국' by Pim Martens, Bingtao Su & Samantha
Deblomme, BioScience 69:6 (2019), pp467–474

academic.oup.com/bioscience/article/69/6/467/5486563

'기후 완화 격차: 교육 및 정부 권장 사항은 가장 효과적인 개별 조치를 놓치고
있다' by Seth Wynes & Kimberly A Nicholas, Environmental Research
Letters 12:7 (2017)

iopscience.iop.org/article/10.1088/1748-9326/aa7541

● 8장 개 vs 고양이

'애완동물 인구 2020' (PFMA)

pfma.org.uk/pet-population-2020

'애완동물 산업 시장 규모 및 보유 통계' (미국 애완동물 제품 협회)

americanpetproducts.org/press_industrytrends.asp

'개는 가장 큰 뇌는 아니지만 가장 많은 뉴런을 가지고 있다. 대형 육식동물 종의
대뇌 피질에 있는 뉴런 수와 체질량 사이의 균형' by Débora Jardim-Messeder
et al, Frontiers in Neuroanatomy 11:118 (2017)

frontiersin.org/articles/10.3389/fnana.2017.00118/full

'북미 개과 동물의 다양화에서 계통 경쟁의 역할' by Daniele Silvestro, Alexandre
Antonelli, Nicolas Salamin & Tiago B Quental, Proceedings of the National
Academy of Sciences of the United States of America 112(28) (2015),
8684-8689

pnas.org/content/112/28/8684

9장 개의 먹이

'개 프로오피오멜라노코르틴(POMC) 유전자의 결실은 비만 경향이 있는 래브라도 리트리버 개의 체중 및 식욕과 관련이 있다' by Eleanor Raffan et al, Cell Metabolism 23:5 (2016), pp893–900

cell.com/cell-metabolism/fulltext/S1550-4131(16)30163-2

'실시간 중합효소 연쇄반응(PCR) 분석을 사용한 애완동물 사료 내 육류 종 식별' by Tara A Okumaa & Rosalee S Hellberg, Food Control 50 (2015), pp9–17

sciencedirect.com/science/article/abs/pii/S0956713514004666

'동물 부산물' (EU)

ec.europa.eu/food/safety/animal-by-products_en

'애완동물 사료' (식품기준청)

food.gov.uk/business-guidance/pet-food